혼자 몰래 보는 화학 노트

라파엘라 크레센치 · 로베르토 빈첸치 지음
클라우디아 페트라치 그림
황지영 옮김 · 여상인 감수

북스힐

혼자 몰래 보는 화학 노트

초판 인쇄 2022년 11월 25일
초판 발행 2022년 11월 30일

지은이 | 라파엘라 크레센치, 로베르토 빈첸치
그린이 | 클라우디아 페트라치
옮긴이 | 황지영
펴낸이 | 조승식
펴낸곳 | ㈜도서출판 북스힐
등록 | 1998년 7월 28일 제22-457호
주소 | 서울시 강북구 한천로 153길 17
블로그 | blog.naver.com/booksgogo
이메일 | bookshill@bookshill.com
전화 | 02-994-0071
팩스 | 02-994-0073

ISBN 979-11-5971-455-9
정가 14,000원

*잘못된 책은 구입하신 서점에서 교환해 드립니다.

화학이 '어마무시하게 지루한' 과목이라고
생각하는 친구들에게 이 책을 바칩니다.

추천의 글

과학 교사이자 작가인 본인의 입장에서 보면 과학책은 교과 연계 과학책과 과학 대중서, 크게 두 부류로 나뉜다. 교과 연계 과학책은 교육 과정을 반영하여 만든 과학책인 반면, 과학 대중서는 학교 교육 과정과 상관없이 다양한 주제를 다룬 책이다. 그런 점에서 이 책은 교과 연계 과학책이다. 다만 외국의 교과 연계 과학책의 문제는 국내의 교과 내용과 다른 경우가 많다는 것이다. 당연히 이 책도 국내 화학 교과서와 내용이 일치하지는 않는다. 또한 화학Ⅰ과 화학Ⅱ의 내용 중 일부만 다루고 있으며, 깊이 있는 내용을 다루고 있는 것도 아니다.

그렇지만 이 책은 화학을 공부하기 전에 한 번쯤 읽고 시작하기에 딱 좋은 책이다. 중학교를 졸업하고 고등학교 과학 공부를 대비하려는 학생 또는 화학Ⅰ, 화학Ⅱ를 배우기 전인 고등학생이 읽기에 안성맞춤이다. 물론 너무 큰 기대나 욕심을 부리지 않는다면 말이다. 사실 고등학교 과학 시간에 배워야 할 내용은 매우 많아서 얇은 책 한 권을 읽었다고 끝낼 수 있는 것이 결코 아니다. 그러나 과학을 공부하는 많은 학생들이 그러한 욕심을 부리기 때문에 실패한다. 기하학에만 왕도가 없는 것이 아니다. 모든 공부에는 왕도가 없다. 차분히 하나둘씩 과학 개념을 익혀 가야 한다.

왕도가 없다면 굳이 이 책을 읽어야 할 이유는 무엇일까? 그것은 이 책이 화학과 경기를 치르기 전 몸풀기용으로 적당하기 때문이다. 모든 경기의 승패는 초반 기선제압에 달려 있다. 이 책을 통해 화학이란 이런 것이며, 이렇게 공부하면 어렵지 않게 개념을 익힐 수 있다는 것을 체험할 수 있다. 특히 SF 영화나 게임을 좋아하는 학생이라면 가끔씩 등장하는 드립에 웃음 짓다 보면 이미 화학에 푹 빠져 있는 자신을 발견할 수 있을 것이다. 이 책을 통해 화학 수업 시간에 웃음 짓는 일이 많아지길 기대해 본다.

《영화 속에 과학이 쏙쏙》의 저자 최원석

무시무시하게 지루한 목차

추천의 글 4

작가의 한마디 9

1장 화학과 제다이

1.0 서문(그리고 약속) 13

1.1 천연 원소와 인공 원소 17

1.2 원자 19

1.3 원소 25

1.4 동위 원소 28

1.5 이온 31

1.6 원자의 크기 33

1.7 원자의 질량 35

1.8 원자량 39

1.9 분자 42

1.10 분자량 45

2장 화학 반응

2.1 화학 반응과 화학 반응식 49

2.2 균형 화학 반응식 52

2.3 물질의 양을 나타내는 단위, 몰 55

2.4 아보가드로수 59
2.5 몰과 그램 63
2.6 화합물의 조성 백분율 66
2.7 실험식과 분자식 67

3장 공기처럼 가볍게

3.1 기체의 부피 77
3.2 기체의 압력 79
3.3 실제 기체와 이상 기체 81
3.4 압력, 부피, 그리고 몰 83
3.5 아보가드로의 법칙 87
3.6 몰 부피 89
3.7 일정 온도에서의 변화 90
3.8 일정 압력 또는 일정 부피에서의 변화 92
3.9 켈빈 온도 97
3.10 이상 기체 법칙 99

4장 액체 속으로 첨벙

4.1 액체의 특성 105
4.2 증발 107
4.3 포화 증기와 평형 109
4.4 증기압 111
4.5 끓음 114
4.6 끓는점 116
4.7 분별 증류 119
4.8 압력솥의 원리 122

5장 참을 수 없는 고체의 무거움

5.1 고체와 입자운동 127

5.2 고체의 특성 130

5.3 결정성 고체와 비결정성 고체 133

6장 쇼핑몰로 알아보는 물질의 상태 변화

6.1 융해와 응고 139

6.2 비열용량 142

6.3 잠열 146

6.4 가열곡선 149

6.5 승화 152

7장 화학 용액

7.1 균일 혼합물과 불균일 혼합물 157

7.2 용액의 종류 164

7.3 엔트로피와 용액 165

7.4 용매와 용질 168

7.5 농도 170

7.6 포화 용액 174

7.7 돌턴의 법칙 178

7.8 기체의 용해도 180

결론 결국 해내고야 말았어! 187

감사의 글 190

작가의 한마디

시중에 고등학교 과정 화학책은 정말 많지만 이 책은 정말 달라. 믿어도 좋아. 다들 이렇게 말하겠지만 이 책에서는 다음과 같은 내용을 발견하게 될 거야.

- 엘리베이터 안 독한 방귀로 설명한 기체의 법칙
- 마트 한 바퀴에 비유한 몰의 개념
- 쇼핑몰 지도처럼 그림으로 표현한 상태 변화
- 할머니 댁에서 먹는 크리스마스 점심에 비유한 '포화' 개념
- 대체 불가한 주인공 '스트론튬'

한마디로 이 책은 늘 보던 화학책이 아니야. 교과서(선생님 지시로 구매하게 된 그 진지한 책)와 씨름하다가 숨어들 수 있는 안전한 피난처이지. 거의 동일한 교과과정을 공부하는 것은 물론, 알아두어야 할 (거의) 모든 정보를 발견하게 될 거야.

‘그럼 뭐가 다른데?’라며 너는 되묻겠지? 우리가 설명해 주는 방식이 달라.

우리에겐 목표가 있어. 화학공부를 덜 지루하게 느끼도록 만드는 것, 그리고 가능하다면 재미를 느끼도록 만드는 거야. 안 될 것도 없잖아?

다음 페이지에서는 다음과 같은 교과 내용을 만나게 될 거야. 근사한 일곱 개 장에 걸쳐 화학 반응, 물질의 상태 그리고 용해에 대해 배우게 될 테지. 원자, 동위 원소, 분자, 몰, 기체, 액체, 고체, 상태 변화, 포화, 용해도도 다룰 거고.

만약(농담이 아니라 혹시 그럴 수도 있으니까!) 책에서 언급하지 않은 다른 화학 내용들(화학 결합이나 원자 궤도 함수, pH, 유기화학, 생화학 그리고 다른 유사한 공포물)이 더 궁금하다면 화학 선생님을 전화와 이메일, 문자와 SNS로 괴롭혀도 좋아.

그럼 즐겁고… 재미있는 화학공부 시간이 되기를 바랄게!

라파엘라와 로베르토가

chimica@cheppalle.it

1장 화학과 제다이

1.0 서문(그리고 약속)

얘들아, 반가워!

손에 들고 있는 이 책 과연 사길 잘한 건지 벌써 걱정하는 거야? 겁먹을 필요 없어! 이번 장의 처음 몇 단락만 읽어 봐도 너희가 찾고 있는 답을 얻을 수 있을 테니까.

보통 화학 교과서들은 항상 이런 식의 문장으로 시작해.

화학은 물질과 그 특성 그리고 변화를 연구하는 과학이다.

그러고서 다음과 같은 내용으로 본문 두 장(운이 없으면 세 장까지)을 들이밀지. 수백 년 전 인간이 레모네이드를 한 잔 만들고, 손을 씻으며, 불꽃놀이를 하고, 깜박하고 와인병을 열어 두었을 때 혹은 집 열쇠에 녹이 슬 때 대체 무슨 일이 일어나는지를 설명하는 법칙과 이론에 매진한 권위 있는 과학자들의 우여곡절을 구구절절 나열한 내용 말이야.

우리는 사명감을 가지고 지금까지 성찰한 내용들을 목록으로 정리해 봤어. 이 목록을 반죽하듯 잘 으깨어 보고 돌리고 또 돌려 보며 모든 측면에서 자세히 관찰했지. 그리고 소름끼치는 사실과 마주하게 되었어.

우리가 열심히 연구했음에도 불구하고 라부아지에의 질량 보존 법칙, 프루스트의 일정 성분비 법칙, 돌턴의 배수 비례 법칙의 탄생에 관한 절대적 노잼은 소금에 절인 김장배추처럼 무겁게 그대로 남아 있었거든.

영감을 찾아 돌아다니고 있던 우리에게 갑자기 명확하고 단순한 해결책이 떠올랐어. 좋든 싫든 간에 화학공부를 소화해야 하는 너희들이 아니면 우리가 누구에게 조언을 구할 수 있겠니? 하지만 너희 모두를 피자집에 초대하는 건 비용도 많이 들 뿐 아니라 어려운 일이야. 그래서 우리는 트위터에서 너희를 찾아보기로 했지. 그리고 놀라운 결과를 발견했어.

트위터에서 '화학'이란 단어를 한번 검색해 봐. 어서, 한번 해 봐! 딱 세 가지 유형의 트윗만 보게 될 거야.

a) 켐트레일(chemtrail)에 관한 것, 화학적 거세에 관한 것, 화학적 허기(〈Chemical Hunger〉) 혹은 비교적 유명하고 정말 잘 어울리는 두 사람 사이의 '케미'에 대한 트윗이 나올 거야. 이를테면 미드 〈프리티 리틀 라이어스〉에서 "아리아와 에즈라 사이에 케미가 느껴지잖아. 난 에즈리아 커플을 밀고 있어!!!"
그래, 이런 종류의 화학은 이 책에서 볼 수 없을 거야. 아리아와 에즈라도 언급하지 않을 거고.
b) '화학'이란 단어가 가장 빈번하게 언급되는 것만 몇 개 소개하자면 '극혐', '노잼', '도와줘!', '그만', '울렁증', '꼴도 보기 싫은'이란 단어가 포함되어 있는 트윗들이 있지. 물론 온갖 형태로 변형된 '짜증나'란 단어도 포함되어 있어.
c) "얘들아, 빅뉴스. 어쩌면 내가 화학에 대해 뭔가 이해하기 시작한 것 같아. 눈물 난다, 정말!"이라며 자랑스럽게 말하는 학생들의 트윗 혹은 "화학 80점. 말 다했지." 또는 "화학, 나랑 한 판 붙자. 내가 무서워할 줄 알아?"라고 말하는 트윗도 있어.

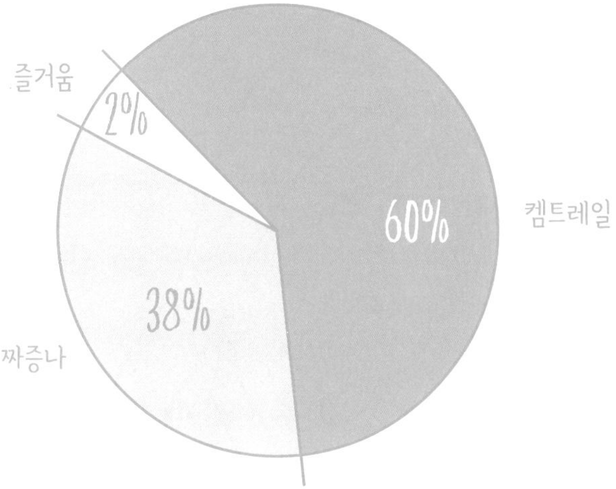

그럼 이제 세 가지 트윗의 비율을 한번 살펴보자.

이 책을 만남으로써 38%의 부정적인 언급 중 눈곱만큼이라도 뜯어 2%의 긍정적인 쪽으로 보낼 수 있다면 우리는 세상에서 가장 행복한 작가일 거야! 켐트레일이나 화학적 허기 등 우리의 '주제를 벗어난' 트윗들은 60%로 굳건히 1위를 지키겠지. 그리고 어쩌면 이게 맞을지도.

어쨌든 너희는 화학공부는 해야 하고 배우지 않으면 학교생활이 골치 아파질 거야. 그렇지만 너희의 고통을 한 가지 덜어주기 위해 이 책에서는 항상 듣던 지루한 화학의 역사에 대한 이야기는 **없을** 거라고 엄숙히 약속할게. 화학을 지배하는 법칙의 탄생을 여전히 존중해야 한다는 점은 변함이 없지만 우리도 어쩔 도리가 없는걸. 제법 전문가라고 할 수 있는 우리 둘조차 기존 책들은 5페이지에서부터 손쓸 수 없을 정도로 나가떨어지곤 했으니 말이야. 이 대목은 우리가 덜어줄 수 있어. 약속할게!

다만 과학자들이 어떻게 화학의 기초 원리를 발견하게 되었는지 선

생님께 대답해야 하는 피치 못할 상황이 생길 수도 있어. 안타깝게도 이런 내용들은 '진짜' 화학 교과서에서 공부해야 할 거야. 하지만 라부아지에(Lavoisier)와 그의 친구들에 관한 공부가 끝나면 다시 바로 찾아와줘. 이 입문서는 화학의 기본 법칙의 발견 바로 다음 내용부터 시작하니까.

말하자면 이 책은 <스타워즈: 라스트 제다이>나 <트와일라잇>의 <브레이킹 던>과 같은 일종의 속편이야. 이런 특징까지 설명했으니 바로 시작하도록 할게.

1.1 천연 원소와 인공 원소

그럼 화학책은 어디서부터 시작해야 할까? 이미 알고 있는 것에서부터 시작하는 거지.

너희는 분명 물이 '에이치투오'라는 사실은 알고 있을 거야. 화학자들은 H_2O라고 쓰기를 고집하지. 아마 '씨오투(CO_2)'라고 부르는 이산화 탄소도 이미 들어 봤을 거야.

그리고 원자, 양성자, 전자가 존재한다는 사실을 알고 있겠지. 과학 방송 프로그램을 즐겨 본 친구 중에는 중성자까지 기억하는 사람도 있을 거야.

그러므로 나는 이렇게 시작해 볼까 해. 세상에 알려진 화학원소는 과연 몇 개나 될까? 그리고 스스로 대답해 보겠지. 백여 개 정도, 아니 현재로선 118개야. 이 중에 92개는 천연 원소, 다시 말하면 우리가 산책을 하는 동안 만나볼 수 있을 만큼 안정된 것들이고, 나머지 26개는 연구실이나 원자로에서 우리가 인공적으로 만들어낸 것들이지.

인공 원소는 그 이름에서부터 구별할 수 있어. 시보귬, 플레로븀, 다름슈타튬처럼 이상한 이름을 갖고 있는 데다 대부분 방사성 원소야.

걱정하지 마. 이 단락 이후로 더 이상 언급하지 않을 거고 학교 선생님께서도 외우라고 하시지 않을 테니까. 하지만 만약 듣기만 해도 겁먹을 이름을 찾기 위해 인간의 상상력이 어디까지 이르렀는지 알고 싶다면 위키피디아에 '화학원소'를 한번 검색해 볼 것을 추천해.

이때 주의할 점을 알려줄게. 검색했을 때 나오는 표를 보고 주눅 들지 말

고 맨 아래 단에 나오는 원소만 읽어보도록 해. 93부터 말이야. 웃지 말고 또박또박 '로렌슘'까지 읽어 보기!

그렇지만 우리는 앞으로 지구에 존재하는 원소들에만 집중할 거야. 92는 이미 차고도 넘치게 큰 숫자이니까. 마지막 92번은 우라늄이야. 하지만 옆길로 새지 말고 처음부터 시작하자. 수소 H부터 말이야. 이탈리아 축구 국가대표, 지지 부폰(Gianluigi Buffon)처럼 숫자 1번을 쓰는 그 친구.

잠시 쉬었다가 다시 읽어 보자. 전형적인 화학책 본문과는 다르지? 그래, 난 약속을 지키는 것을 정말 좋아하거든. 이 책은 다른 책들과 다르다고!

좋아. 그렇다면 이 많은 숫자들은 대체 뭐지? 원소들이 1부터 92까지 배열되어 있다는 것은 무엇을 의미할까? 정확히 누가 이렇게 정리한 거지? 92는 축구선수 스테판 엘 샤라위(Stephan El Shaarawy)의 등번호이기도 하잖아. 그런데 스테판은 자신이 우라늄과 같은 번호를 쓴다는 사실을 알고 있을까? 그럼 우라늄은 어느 팀 소속 선수일까?

이 모든 질문에 대답하기 전에 좋은 소식을 하나 알려줄게. 이 책 1장의 첫 번째 본문을 벌써 다 읽었다는 점이야. 축하해!

1.2 원자

이 숫자들이 무엇인지는 분명 수업시간에 선생님께서 설명해 주셨을 거야! 집중을 못했다고? 걱정할 필요 없어. 각 원자를 구성하는 양성자의 수를 가리키는 숫자야. 그리고 지지 같은 선수, 즉 수소 원자는 1개만 있어. 다시 말하면 수소 원자핵(내부)에는 양성자가 1개만 들어 있다는 의미지. 어때 간단하지?

주의해야 할 점이 있어. 원자는 전하를 띠고 있지 않아. 만약 전하를 갖고 있다면 우리를 둘러싸고 있는 모든 사물이 전하를 띠고 있어 전기충격을 받겠지. 반면 양성자 지지는 양전하(그래서 p^+라고 불러)를 띠고 있기 때문에 계속해서 주위를 맴도는 같은 양의 반대 전하를 가진 무언가가 필요해. 두 입자가 서로를 중화시킬 수 있도록 말이야.

반대 전하를 띠는 이 무언가를 우리는 전자라고 부르면 어떨까? 그래, (e^-)라고 부르자. 그러니까 수소 원자는 양성자 하나와 전자 하나로 구성되어 있어. 그게 다야.

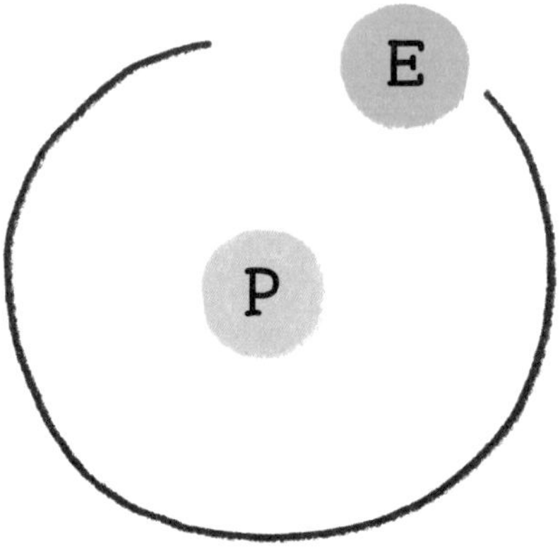

^{1}H

이런 내용을 훨씬 재미없고 어렵지만 사람들 앞에서 멋있어 보이게 설명할 수도 있어. 이러한 설명은 앞으로는 '화학언어로 알려줄게'에서 다루도록 할게.

화학언어로 알려줄게

원자는 이를 구성하는 전자의 수와 양성자의 수가 같기 때문에 전기적으로 중성이다.

겁먹지 말고 숨을 크게 한 번 쉬어 봐. 이제 본격적으로 계산을 시작할 거거든.

어떤 원자의 양성자 수(=전자 수)를 원자번호라고 하며 기호 Z로 표기해. 그리고 각 원소는 그 핵 속에 들어 있는 양성자 수로 구분할 수 있어. 이 말은 곧 우라늄 원자는 92개의 양성자를 갖고 있다는 뜻이지. 참고로 엘 샤라위는 우라늄의 팬이 아니며 그의 등번호 92는 그가 태어난 연도와 같을 뿐이라고 밝혀졌어!

수소의 핵 속에는 양성자가 하나뿐이다 보니 양성자를 하나 추가한다면 우리는 완전히 다른 새로운 원소를 만들어내게 될 거야. 바로 헬륨이지. 그래, 맞아. 풍선을 불 때 사용하는 그거 말이야.

문제는 양성자 2개는 절대 서로 가까이 있을 수 없다는 점이야. 자석 2개

를 같은 극끼리 가까이 대어 본 적 있어? 아마 시도했다가 실패했을 거야. 그렇다면 이렇게 한번 생각해 보자. 만원 버스 안에서 어떤 소매치기의 어깨가 다가오는 상황을 상상해 보는 거야. 넌 아마 본능적으로 뒤로 한 발짝 물러서겠지. 마찬가지로 양성자도 펄쩍 뛰면서 서로 날쌔게 밀어낼 거야.

화학언어로 알려줄게

양성자만으로 구성된 원자핵은 같은 전하를 띠는 입자이기 때문에 결국 분열되고 만다.

우주의 질서를 바로 세우기 위해 대자연은 중성자를 만들어냈지. 이들은 전하를 띠지 않으며(따라서 중성), 양성자 사이의 반발력을 조절할 수 있으므로 원자핵을 하나로 유지할 수 있어.

중성자가 어떻게 원자핵을 하나로 유지하는지에 대해서는 잠시 접어 두자. 어차피 고등학교 화학 교과과정에는 없는 내용이니까. 지금으로서는 양성자와 중성자 사이에는 매우 강한 끌어당기는 힘이 작용한다는 사실과 이 힘은 가까운 거리에서만 유효하며 원자핵을 안정화시킨다는 점만 알고 있으면 충분해. 이 상호작용은 자연에 존재하는 기본적인 힘들 중에 가장 강한 힘으로, 상상력을 십분 발휘하여 '강한 핵력'이라 이름 지었어.

우리 얘기로 돌아와서 만약 어느 날 각 화학원소의 핵 속에 존재하는 모든 양성자와 중성자를 세어 보는 놀이를 한다면 우리는 새로운 숫자, 바로 '질량수'를 발견하게 될 거야.

화학언어로 알려줄게

원자핵을 구성하는 양성자 수와 중성자 수의 합을 **질량수라고 부르며 기호 A로 표기한다.**

굉장하다. 그렇지? 친구들 앞에서 아는 척할 만한 지식을 벌써 하나 배운 거야. 어떤 화학원소든 원자번호 Z와 질량수 A를 알면 언제든 그 원자의 양성자와 중성자 그리고 전자 수를 구할 수 있어.

예를 들어 양성자 2개, 중성자 2개 그리고 전자 2개를 갖고 있는 헬륨은 원자번호는 Z = 2일 테고 질량수는 A = 4일 거야. 화학이 우리에게 주는 뿌듯

함이 이토록 크다니까!

실질적인 예를 한번 들어 보자. 집 안을 돌아다니다 우연히 Z = 38 그리고 A = 88인 화학물질을 만났다고 한다면 그 물질의 각 원자에는 양성자 38개, 전자 38개 그리고 중성자 50개(50 + 38 = 88)가 들어 있음을 의미해. 어떤 물질과 마주한 건지 궁금하다고? 바로 스트론튬이야.

이번 장에서 예시를 들거나 개념 설명을 할 때 가능한 스트론튬을 기준 원소로 삼도록 할게. 리튬과 충전 배터리, 물과 나트륨, 칼륨과 바나나를 활용한 예시는 그만 써먹을 때도 됐잖아. 이 책은 모든 예시를 스트론튬을 기준으로 한 유일한 화학책이 될 거야!

그럼 내가 이제부터 설명하는 점에 주목해 봐. 양성자 38개로 구성된 스트론튬의 핵을 안정화시키는 데에는 38개의 중성자로 충분하지 않아. 무려 50개가 필요하지. 요다도 도망갈 만큼 매우 강한 힘을 사용하더라도 핵에 들어 있는 양성자가 많을수록 이를 안정적으로 유지하는 데 더 많은 중성자가 필요해.

그리고 여기서 원자번호가 더 커지면 중성자 수는 더욱더 커져야 할 거야. 예를 들어 엘 샤랴… 그러니까 우라늄은 Z = 92 그리고 A = 238이므로 그 핵을 안정적으로 유지하려면 무려 146개의 중성자가 필요해!

좋아. 그럼 이제 다음 주제로 넘어가 볼게.

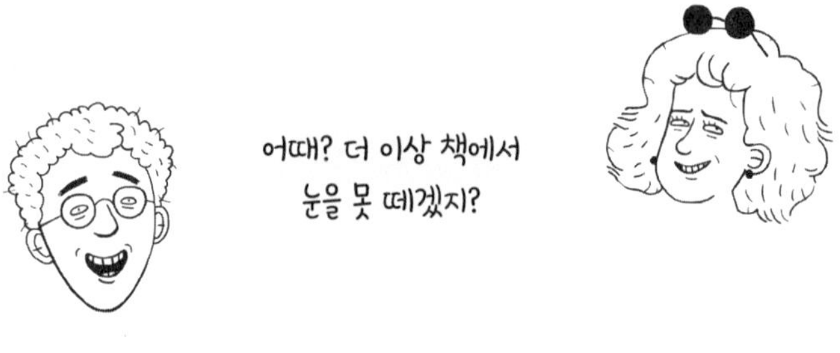

1.3 원소

지금 읽을 내용은 네가 이미 이해했을 거라고 생각하지만 분명히 해두기 위해 글자로 적어 둘게.

화학언어로 알려줄게

화학원소는 **같은 원자번호를 갖고 있는** 원자들로 구성된, 즉 같은 수의 양성자를 가진 원자들로 구성되어 있다.

예를 하나 들어볼게. 어느 날 네가 바보 같이 스트론튬으로 만든 멋진 장식품을 사게 되었다고 하자(여기서 '바보 같이'라고 말한 이유는 금속성 스트론튬은 공기와 닿으면 불이 붙는 나쁜 버릇이 있기 때문이야). 우리는 이것이 38이라는 같은 원자번호를 가진 수십억 개의 동일한 원자로 구성되어 있음을 알고 있어.

그러니 누군가가 너희에게 모든 원자가 Z = 38인 신비로운 물질을 가져왔다고 한다면 다른 정보 없이도 이것이 분명 스트론튬이라고 주장할 수 있을 거야. 대단하지 않아?

스트론튬의 원소기호가 Sr(말 그대로 '에스알'이라고 발음해)임을 이미 알고 있는 친구가 있을지도 모르겠다. 여기서 만약 양성자와 중성자가 몇 개인지 구체적으로 적고 싶다면 이렇게 써야 할 거야.

$$^{88}_{38}Sr$$

원소기호의 왼쪽 위에는 A가 있고 왼쪽 아래에는 Z가 있도록 말이야. 아니면 원자번호를 명시하지 않고 단순히 ^{88}Sr이라고 적어도 충분해. 어차피 스트론튬 원자는 어쩔 수 없이 Z = 38일 테니까. 그렇지 않고서는 스트론튬 원자가 될 수 없고, 이미 눈치 챘겠지만 스트론튬은 빨리 알아볼수록 좋으니까!

다시 정리해 보면 만약 두 원자의 원자번호가 다르다면 화학적 그리고 물리적 성질이 서로 완전히 다른 원자야. 예를 들어 놀이공원에서 풍선을 판매하는 사람이 어느 날 헬륨 대신 수소(너희가 기억하고 있듯이 각각 Z = 1과 2인 원소들)를 넣기로 결심한다면 전혀 좋은 생각이 아닐 거야. 왜냐하면 그가 성냥에 불을 붙이는 순간 바로 공중으로 풍선들과 함께 튀어 오를 테니 말이야.

명심해. 헬륨은 비활성 기체인 반면, 수소는 불에 타거나 폭발하기 쉬운 물질이야. 그래서 로켓 연료로 쓰이지. 설명이 충분했는지 모르겠군….

스트론튬을 활용한 예시를 기대하고 있다는 건 알아. 하지만 자주 사용되는 원료가 아닐뿐더러(위키피디아에서는 몇 가지 유리, 치약 그리고 빨간색 폭죽에 스트론튬이 사용된다고 말해) 스트론튬보다 양성자가 하나 많거나 적은 원소는 각각 이트륨과 루비듐으로, 훨씬 덜 알려진 친구들이야. 그러니까 이번에는 그냥 넘어가는 걸로 하자.

화학언어로 알려줄게

원자번호 값의 변화는 원자의 성질에 커다란 변화를 일으킨다.

H

1.4 동위 원소

양성자 수가 동일한 원자들은 모두 같으며 똑같은 성질을 갖고 있어. 이 개념은 하도 자주 반복해서 이제 너희 집 소파도 외웠을 거야!

그런데 새로운 소식이 있어. 같은 물질의 원자라도 중성자 수는 다를 수 있다는 점이야. 양성자 수는 같지만 중성자 수는 다른 원자를 동위 원소라고 불러. 제발 부탁인데 서위 원소나 북위 원소 같은 말장난은 하지 말아줘. 하나도 안 웃기니까.

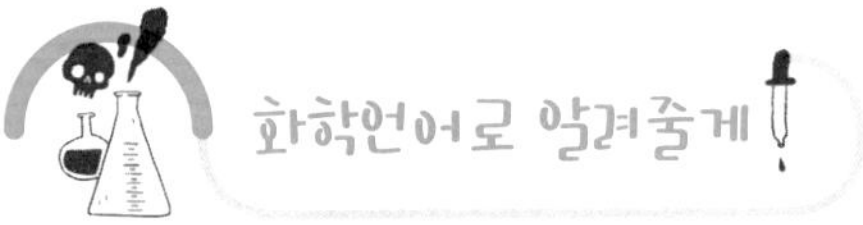

한 원소의 모든 동위 원소는 화학적 성질과 원자번호 Z는 동일하지만 질량수 A는 다를 수 있다.

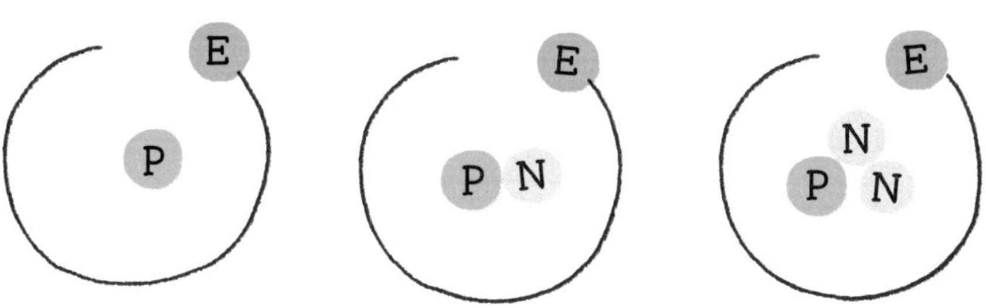

^{1}H ^{2}H ^{3}H

클래시 로얄 게임을 할 때와 비슷해. 무슨 말인지 알겠어? 모르겠다고? 그럼 내가 설명해 줄게!

호그라이더(멧돼지를 탄 사람)들은 전부 똑같아(같은 원자번호 Z를 가졌어). 비록 다양한 파워 레벨을 가질 수 있지만(중성자 수가 더 많거나 적을 수 있지만) 모든 호그라이더는 같은 일을 하지. 다시 말해 이들은 적의 방어를 집중 공격하면서 주로 시간을 보낸다고(그러므로 항상 그들의 특성을 유지하지). 다른 병사(다른 화학원소)의 경우도 마찬가지야. 페카(P.E.K.K.A)는 공격과 수비 능력의 차이로 얼음 마법사와 구별할 수 있어(그래서 이 둘의 원자번호 Z는 다르지). 하지만 게임 중에 이들의 행동은 동일할 거야. 너희가 이들을 이르게 한 레벨(질량수 A)과는 무관하게 페카는 엄청난 파괴력을 지닌 타격을 계속 휘두를 것이며 얼음 마법사는 그의 공격속도를 느리게 만들 거야.

다시 화학공부로 돌아가 보자. 38개의 양성자와 50개의 중성자를 지닌 스트론튬을 표기할 때 ^{88}Sr이라고 적는 이유는 바로 동위 원소가 존재하기 때문이야. 실제로 스트론튬의 원자는 어쩔 수 없이 양성자 38개($Z = 38$)를 포함하고 있지만 46, 48, 49, 50 혹은 52개의 중성자를 핵 속에 갖고 있는 스트론튬 원자도 있어. 경우의 수를 다 더해 보면 ^{84}Sr, ^{86}Sr, ^{87}Sr, ^{88}Sr 그리고 심지어 ^{90}Sr이 있음을 발견할 수 있지. 마지막 동위 원소는 스트론튬-90이라 부르는데 방사성을 띠는 아주 매력적인 친구야.

걱정할 필요는 없어. 천연 스트론튬은 4개의 동위 원소 ^{84}Sr, ^{86}Sr, ^{87}Sr, ^{88}Sr의 혼합물로 구성되어 있고 이 중에 특별히 어느 하나 위험한 원소는 없으니까.

앞서 우리는 수소가 핵 속에 중성자는 없고 양성자가 하나뿐인 원자로 구

E
N
P N
E
P
E
P N

성되었다는 점을 살펴봤지. 하지만 자연에는(비록 0.02% 미만이지만) 핵 속에 양성자 외에 중성자도 포함하고 있는 수소 원자도 존재해. 이런 수소 원자는 ^{2}H라고 표기하고 모든 게 1이야. 양성자 1개, 중성자 1개 그리고 전자 1개. 그리고 이에 걸맞게 '중수소'라는 특별한 이름을 가진 유일한 동위 원소지.

사실 이들은 맞춤형 이름을 가진 거의 유일한 동위 원소야. 실제로 실험실에서 핵 속에 양성자 1개와 중성자 2개가 있는 인공 방사성 수소 원자를 만드는 일은 가능해. 이들 또한 특별한 이름을 갖고 있지. 바로 삼중수소 ^{3}H야. 이 장황한 설명에서 기억해야 할 점은 자연에 존재하는 물질의 대부분이 동위 원소가 혼합된 형태라는 것과 일반적으로 동위 원소 중 1개(혹은 최대 2개)는 나머지 동위 원소보다 훨씬 더 비중이 크다는 점이야. 하지만 이 이야기는 원자질량에 대한 주제를 다룰 때 다시 살펴보기로 할게.

1.5 이온

우리는 어떤 원자에 양성자와 중성자를 더하거나 빼면 무슨 일이 일어났는지 살펴봤어. 이제 덩치는 작지만 투덜대마왕들인 전자를 한번 살펴보도록 하자.

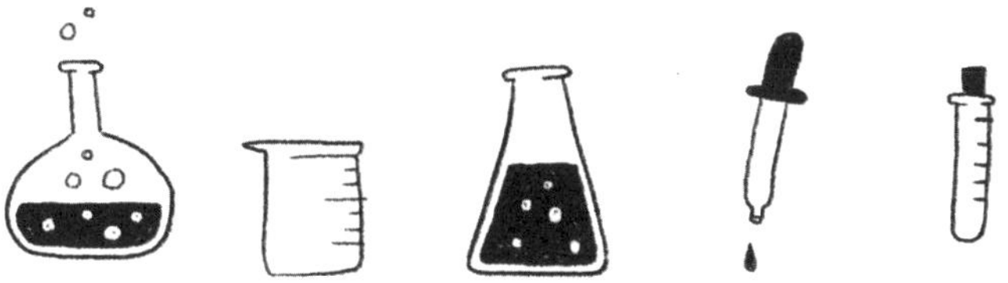

화학언어로 알려줄게

어떤 원자가 전자를 잃거나 얻으면 전하를 띠게 되며(양전하 혹은 음전하) 이를 **이온**이라고 정의한다.

우리 스트론튬은 매우 관대한 친구라서 전자 2개를 내보내고 Sr^{2+} 이온을 만들어내. 음전하를 띤 물질인 전자 2개를 내보냈기 때문에 양전하를 띠는 양이온이 되는 것이지. 반면 치약에서 쉽게 만나볼 수 있는 플루오린(F)은 전자를 얻는 경향이 있기 때문에 음전하를 띠는 이온(F^-), 즉 음이온이 돼.

이제 이런 복잡한 이름들은 그만 언급하도록 할게. 하지만 잃어버리고 되찾은 전자에 대해서는 언젠가 배우게 될 거야. 스트론튬은 왜 전자를 2개 잃는 것을 선호하고, 플루오린은 전자를 얻는지(최대 1개이긴 하지만), 그리고 전자를 잃고 얻는 일련의 과정이 무슨 의미가 있는지 같은 내용 말이야.

1.6 원자의 크기

그럼 이제 이 원자들의 크기가 얼마만 한지 한번 밝혀 보자. 분명한 사실은 놀랍도록 작은 실체라는 점이야. 조그마하거나 미세한 수준이 아니라 정말 극도로 작은 물질을 말하는 거지.

예를 들어 34페이지 그림에 물음표 아래쪽에 있는 점 보이지? 자, 그 점 속에는 어마어마한 수의 양성자가 있어. 점 속에 있는 양성자들을 자세히 관찰할 수 있도록 하나씩 확대하여 우리 스마트폰만 한 크기로 만든다면 물음표 아래 있는 작은 점(항상 같은 수의 양성자를 담고 있으려면)은 태양만큼 커져야 할 거야. 그래, 제대로 이해한 게 맞아. 저기 하늘 위에 있는 태양 말이야!

물론 이처럼 작은 단위를 측정하려면 10의 힘을 좀 빌려야 해. 양성자는 반지름이 약 0.000000000000001미터

이며 이 숫자는 1×10^{-15} m라고 쓸 수도 있어(믿기 힘들다면 수학 선생님께 한 번 여쭤봐도 좋아!).

그러니까 이런 입자를 연구하는 과학자들은 측정을 보다 간단하게 만들기 위해서 미터의 새로운 약수를 발명해야 했어. 길이 단위 변환 기억나? dm, cm, mm가 있었지. 누군가는 어렴풋이 마이크로미터(μm)를 기억하고 있을지도 몰라.

하지만 이렇게 해도 우리는 겨우 10^{-6} m까지 밖에 도달하지 못할 거야. 원자에게는 여전히 아무 쓸모가 없는 단위란 말이지. 이는 에펠탑 높이에서 머리카락의 두께를 측정하려고 시도하는 셈이야. 원자를 측정하기 위해 과학자들은 10^{-12} m와 동일한 피코미터(pm)와 10^{-15} m와 같은 펨토미터(fm)를 선택했어.

그러니까 양성자(혹은 크기가 비슷한 중성자) 1개의 크기는 약 0.001 pm 혹은 1 fm야. 반면 원자는 무리 중에서는 진짜 거인이지. 그 주위를 맴도는 전자들의 전자구름을 포함한 크기가 약 50 pm(헬륨의 경우)에서 350 pm(세슘처럼 커다란 원자의 경우) 사이야. 스트론튬의 원자 반지름의 크기를 알려 줄까? 약 200피코미터 그러니까 0.0000000002미터야.

그냥 포기하는 편이 좋을 거야. 원자는 정말 육안으로 볼 수 없고 너희 책상 위에서 먼지만 쌓여가는 고모가 선물해준 현미경으로도 볼 수 없다고.

1.7 원자의 질량

이제 원자의 크기를 알게 되었으니 무게도 궁금하지 않아? 우선 전자가 양성자와 중성자에 비해 훨씬 가볍다는 점, 약 2,000배 정도 가볍다는 점에서 시작해 보자. 이렇게 전자를 제외하면 실질적으로 원자의 질량은 그 핵의 질량과 같다고 할 수 있어. 그럼 저울 위에 양성자와 중성자만 남는데 이들의 무게는 각각 1.67×10^{-24} g이야.

원자 크기 측정을 배울 때 이미 좀 망했다 생각했다고? 아마 지금 이 상황이 더 기가 막힐걸? 만약 10^{-12} m가 어느 정도일지 상상하는 게 문제가 되었다면 '10의 마이너스 24승 그램'의 질량은 괘씸할 정도로 가볍겠지!

오늘부터 엄마 심부름으로 마트에 가게 되면 감자와 고구마 무게를 잴 때 얼마나 많은 양성자와 중성자가 저울에서 너를 바라보고 있을지 상상해 봐. 무게는 훨씬 덜 나가지만 머릿수는 양성자만큼 많은 전자도 잊지 말고. 누군가가 막 너희를 관찰하고 있는 느낌이 들지?

물론 이번 경우에도 과학자들은 원자의 질량을 측정할 수 있는 단위를 개발해야 했어. 안타깝게도 이처럼 가벼운 물질을 측정할 수 있는 그램의 '공식적인' 약수는 존재하지 않았고 그들은 10^{-24} g를 측정해야 했지!

어떤 사람들은 정확히 10^{-24} g과 같은 욕토그램을 사용하자고 제안했어. 하지만 이 같은 제안은 너희가 월요일 1교시 때 품는 열정과 기대감 정도의 호응밖에 얻지 못했지.

대다수의 과학자들은 원자의 질량을 측정하기 위해 아예 새로운 단위를 만드는 편을 선호했어. 오랜 논의 끝에 그들은 기가 막히게 참신한 이름을 하나 골랐는데, 바로 '원자 질량 단위'야. 이는 기호 u로 표기하고, 1.66×10^{-24} g과 같아. 그러므로 1 u는 1.66 욕토그램과 같은데 평소 마음에 둔 친구에게 멋있어 보이려고 이런 지식을 써먹지는 말라고. 너의 영원한 흑역사로 남을 테니까.

원자 질량 단위의 재미있는 점은 양성자와 중성자 질량의 값이 1 u를 살짝 웃도는 값(각각 약 1.007과 1.008 u)과 동일하다는 거야. 그러므로 다음과 같아.

화학언어로 알려줄게

원자의 질량은 원자 질량 단위로 표기한 질량수 A의 값과 거의 같다.

다시 정리하면 질량수 A는 다름 아닌 중성자와 양성자 질량의 합이야.

너희 머릿속이 복잡하게 돌아가는 소리가 내 귀에까지 들리는 것 같아. '새로운 단위를 만들어야 했다면서 과학자들은 도대체 왜 좀 더 현명한 측정 단위를 선택하지 않았지? 이를테면 양성자와 중성자 질량이 1.00뭐가 아니라 정확히 1로 떨어지는 깔끔한 단위도 있잖아.'

훌륭한 질문이야! 실제로 수소의 질량(양성자 1개)을 측정 단위로 사용하고 싶어 하는 사람들도 있었어. 하지만 안타깝게도 이 원소는 적합하지 않았지. 이미 충분히 복잡한 상황을 비웃기라도 하듯, 양성자와 중성자는 다른 양성자와 중성자와 함께 있을 때보다 혼자 있을 때 더 큰 질량을 갖고 있기 때문이야. 이 같은 현상을 우리는 '질량 결손'이라 불러.

예를 들어 보자. 토요일 저녁, 전형적인 사춘기 소년답게 너는 미드 시리즈, 비디오게임 그리고 체다 소스에 찍어 먹을 나초와 군것질거리에 둘러싸여 있어. 그럼에도 불구하고 너를 정신 못 차리게 만드는 여자애가 다이어트 중이라고 말하며, 저녁 식사에 초대한다면 그토록 좋아하는 과자를 당장 집어던지고 '사랑과 콩고기만 먹고 살겠다고 맹세한다.'에 내 전 재산을 걸지. 사랑에 빠지면 살이 빠진다는 사실은 누구나 알고 있잖아. 이런 게 바로 감정적인 질량 결손인 거야!

다시 주제로 돌아와서, 우리는 양성자와 중성자를 모두 가진 원소들 중 어떤 것을 원자 질량의 기준 원자로 선택할 수 있는지 살펴보던 중이었어. 사실 중성자가 없는 수소만 제외하면 모든 원소가 괜찮아. 가능한 91개의 원자를 두고 과학자들끼리 얼마나 많이 싸웠는지는 상상에 맡길게. 앞서 언급한 수소를 원했던 과학자들 외에 산소를 사용하기를 원했던 이들도 있었고 탄소를 원하던 사람들도 있었어.

결국에는 (거의) 만장일치로 탄소의 동위 원소인 탄소-12(^{12}C)가 기준 원자로 선택되었고 과학자들은 여기에 12 u라는 질량을 지정했지. 그러므로 이 탄소 동위 원소의 원자 질량을 12로 나누면 우리는 다른 양성자와 중성자와 결합했을 때 1개의 양성자 혹은 중성자가 지닌 질량을 얻게 될 거야.

질량 결손

NEW!
CHIPS
지나로부터 메시지가 도착했습니다.
지나
우리 집에 저녁 먹으러 올래?
콩으로 만든 돈가스 어떠냐고?
내가 제일 좋아하는 음식이야!

그러니까 탄소 ^{12}C 원자의 무게는 정확히 12 u인 반면 ^{88}Sr 원자의 무게는 약 88 u, 즉 ^{12}C 원자 질량의 약 88/12이라는 뜻이야.

화학언어로 알려줄게

원자 질량 단위는 1.66×10^{-24} g이다. 이것은 원자 질량을 측정하는 단위로 탄소 원자 ^{12}C 질량의 1/12이라고 정의한다.

1.8 원자량

자, 조금만 더 힘을 내! 이번 장에서 배울 내용은 원자 질량을 계산하는 데 필요한 마지막 개념이야!

안타깝게도 우리가 앞서 배운 원자 질량 단위는 참 매력적이지만 전혀 쓸모가 없어. ^{88}Sr 무게가 약 88 u라는 사실을 안다는 건 커다란 자기만족을 주지만 별로 유용하지는 않아(조금 앞서 본 것처럼). 왜냐하면 자연에 존재하는 스트론튬은 각각이 다른 원자 질량을 가진 4개의 동위 원소의 혼합물이기 때문이지.

그러니까 스트론튬으로 만든 할머니의 장식품 원자 무게를 알려면 그 동위 원소 무게의 평균값을 신중하게 계산해야 해(수학선생님께 한번 여쭤봐). 이 땅에 비교적 풍부하게 존재하는 동위 원소라는 점을 감안하고서 말이야.

화학언어로 알려줄게

어떤 원소를 이루는 원자들의 평균 질량을 **원자량**이라고 정의한다. 원자량은 자연에 존재하는 각 동위 원소의 비율과 각 동위 원소의 원자 질량 A에 따라 달라진다.

그럼 우선 신중하게 평균값을 계산해서 우리의 친구 스트론튬의 원자량을 구해보자. 동위 원소 4개의 각 원자 질량을 각각의 자연 존재비에 곱한 값을 더한 후 100으로 나누어 주기만 하면 돼(백분율이니까).

원자량(Sr)
= (84×0.56%+86×9.86%+87×6.90%+88×82.58%)/100
= 87.62

스트론튬의 원자량은 87.62 u이며 이는 스트론튬의 각 원자가 87.62 u라는 뜻이 아니야. 스트론튬이 ^{84}Sr, ^{86}Sr, ^{87}Sr 그리고 ^{88}Sr이라는 4개의 동위 원소의 혼합물이며(^{90}Sr은 인공 동위 원소이므로 상관없어), 87.62를 만들어내는 비율로 섞여있음을 의미해.

말이 나왔으니 말인데 스트론튬 이온 Sr^{2+}도 그가 파생된 스트론튬 원자와 동일한 원자량을 갖고 있어. 그가 잃은 전자 2개는 Sr의 핵 질량에 비해 무시해도 될 정도의 질량(일만 배 가까이 가벼운)이기 때문이지.

게다가 수소의 원자량이 1.008 u라는 사실은 자연에 존재하는 수소 원자의 압도적인 비율이 중성자를 갖고 있지 않으므로 극소량(0.002%)의 중수소

^{2}H만 있는 동위 원소 ^{1}H로 대표됨을 나타내고 있어.

천연 원소의 대부분이 2개 이상의 서로 다른 동위 원소 형태를 띠고 있다 보니 이들 중 누구도 정수의 원자량을 갖고 있지 않아. 원자량을 계산하고픈 유혹이 때로는 참기 힘들다는 점은 이해해. 그런데 미쳐버리고 싶지 않다면 계산기를 사용하는 것이 좋을 거야!

1.9 분자

너희를 혼란의 도가니에 빠뜨릴 얘기를 준비 했으니까 마음 단단히 먹어. 사실 한 종류의 원자만 갖고 있는 원소는 정말 몇 개 없어.

실제로는 금속 그리고 누구와도 교류하고 싶어 하지 않는 몇 가지 기체(그래서 비활성 기체라고 불러. 자신들이 얼마나 특별한지 모두가 알도록 말이지)만 제외하면 모든 화학 원소는 합성 구조(원자들이 화학 결합을 통해 서로 연결된)를 만들기 위해 서로 결합하려고 해. 물론 원자들끼리도 서로 결합할 수 있어! 예를 들어 수소(H_2), 산소(O_2), 인(P_4)에서 오른쪽 아래에 있는 작은 숫자는 분자라고 불리는 새로운 실체를 만들기 위해 같은 원자끼리 결합하는 수가 몇 개인지를 가리키지.

그런데 화학 결합은 서로 다른 원자들로 이루어질 때가 더 많아. 그 결과물은 수소 원자 2개와 산소 원자 1개로 구성된 물(H_2O)과 같은 분자이지. 그러니까 화학자들에게는 화학 결합이 서로 같은 원자로 이루어졌든 혹은 다른 원자로 이루어졌든 하나도 중요하지 않아. 어떻게 생겨먹었든 모두 '분자'일 뿐이니까.

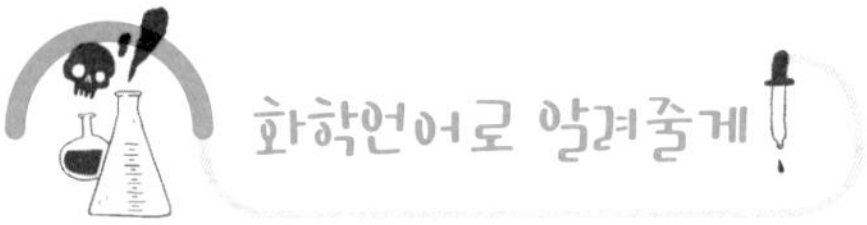

화학 물질의 모든 분자는 동일한 구성과 특성을 갖고 있다.

물론 분자는 일반적으로 이를 구성하는 원자와 매우 다른 특성을 갖고 있지. 결합이 구성되면서 그 기반이 되는 원자의 특성에 매우 많은 변화를 주기 때문이야. 주변에 아무 연인이나 증명해줄 수 있듯이 말이야….

분자의 구성은 화학식으로 표기해. 이 화학식을 바라보기만 해도 우리 화학자들은(그리고 이제부터는 너희도!) 분자가 어떤 원소로 이루어졌는지와 상대적으로 어떤 비율로 서로 결합되어 있는지 알 수 있지.

예를 들어 P_4와 H_2O는 분자식인데, 어떤 원자 몇 개가 서로 결합되어 있는지를 알려주는 식이야. 더 복잡한 분자들의 경우 구조식을 활용하여 원자들이 결합된 방식을 명시하는 것이 편해. 여기서 연결선들은 원자들끼리의 결합을 나타내는 거야.

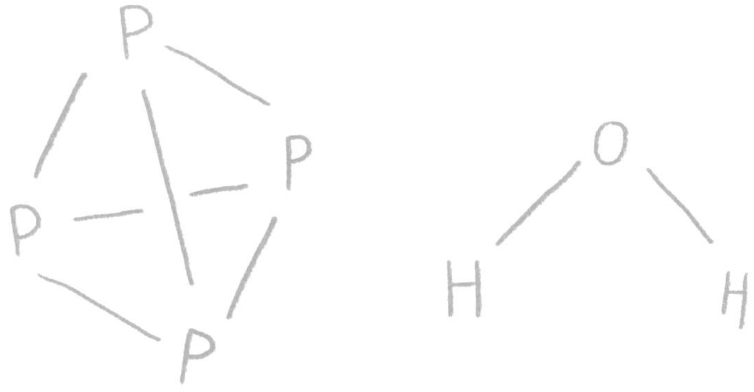

무섭다고? 아직 개념이 명확하게 머리에 들어오지 않을 수도 있어. 그럴 줄 알고 내가 몇 가지 꿀팁을 준비했지. 허브차와 모래시계를 준비한 다음 긴장을 풀어 봐. 그리고 운명을 받아들여. 앞으로 화학을 공부하는 기간 동안에는 분자와 분자식에서 벗어나지 못 할 테니까.

조언을 하자면 분자식 공부를 개인적으로 한번 활용해 봐. 네 짝꿍이 하트와 이모티콘들로 일기장을 채우는 동안 너는 비활성 기체들처럼 한번 잘난 척을 좀 해 보는 거야. 아주 복잡한 분자식을 종이에 적어서 마음에 드는 이성 친구 앞에 최대한 무심한 척 떨어뜨려 봐. 만약 그 친구가 내용을 이해한다면 네 화학공부를 도와줄 수 있는 천재라는 뜻이고 이해를 못한다면 네가 도움을 줄 수 있겠지. 그러니까 이건 분자식을 연습할 겸 작업걸기도 연습하는 거야!

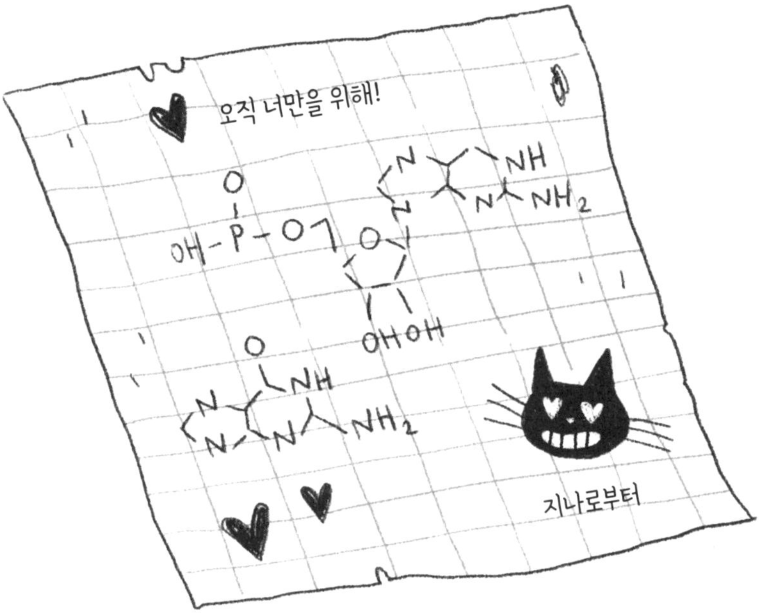

1.10 분자량

원자량 다음에는 분자량이 나와. 여기서 좋은 소식은 분자의 무게가 이를 구성하고 있는 원자량의 합계에 불과하다는 점이야.

화학언어로 알려줄게

어떤 물질의 **분자량**은 그 물질을 이루는 모든 원자들의 원자량을 더한 합이다.

이게 다냐고? 물론이지!

예를 들어, 물 분자 무게는 평균적으로 18.015 u야. 실제로 수소의 원자량은 1.008 u이고, 산소의 원자량은 15.999 u이지. 따라서 물의 분자량은 다음과 같아.

$$(2 \times 1.008) + 15.999 = 18.015\ \text{u}$$

같은 방법으로 계산해 보면 염화 스트론튬($SrCl_2$)의 분자량을 구할 수 있어.

$$87.62 + (2 \times 35.45) = 158.53\ \text{u}$$

이 스트론튬 참 버겁다….

여기서 잠깐! 원자량과 분자량이라고 불리긴 해도 사실 원자 질량과 분자 질량을 뜻하는 거야. 물리시간에 벌써 공부했다고? 어떤 물질의 무게는 중력에 따라 좌우되지만 질량은 그렇지 않아. 안타깝게도 모든 사람들이 '무게'라고 불러왔고 이 잘못된 이름이 계속 따라다니게 되었지. 우리 고모의 경우와 좀 비슷해. 할머니 할아버지께서는 알리체라고 부르려고 했지만 호적과에서 실수를 하는 바람에 영원히 알페니체로 불리게 된 거야. 농담이 아니라 진짜라니까?

첫 번째 장은 여기서 알페니체 고모와 무게 이야기로 끝내려 해. 다음 장에서는 드디어 분자를 서로 섞어 보기 시작할 거야. 물론 네가 계속해서 책을 읽기 원한다면 말이야.

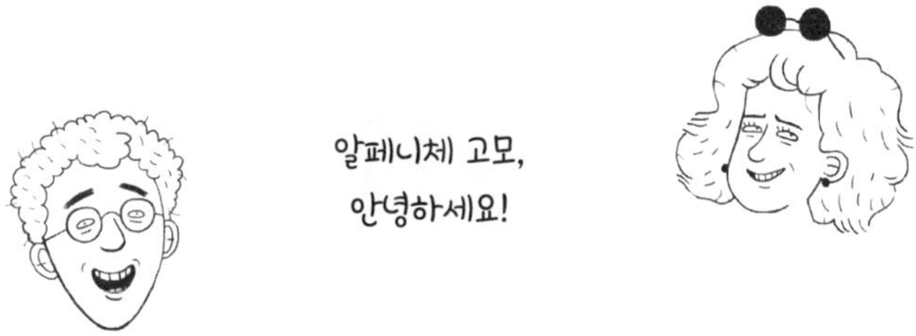

2장 화학 반응

2.1 화학 반응과 화학 반응식

이제 분자에 대해서 더 자세히 알아보도록 하자. 설마 분자들이 저 구석에 얌전히 있을 거라 생각한 거야? 그렇지 않아! 이 방탕한 녀석들은 기회가 올 때마다 서로 껴안으려고 난리야. 전문 용어로 서로 '반응한다'고 하지.

사실 두 원소 간의 화학 결합은 영원히 지속되는 경우가 매우 드물어. 이 요염한 분자들은 다른 매력적인 분자를 만났다 하면 기존 결합을 끊고 새로운 결합을 시도하는 데 주로 시간을 보내니까 말이야.

화학언어로 알려줄게!

화학 반응이란 분자를 이루는 원자 간의 화학 결합이 끊어지고 새로운 결합이 형성되는 과정이다.

화학언어로 알려줄게!

2개의 분자가 서로 반응하면 **새로운 물질(생성물)**이 만들어지는데, 여기서 원자는 처음 **반응 물질**과 비교했을 때와 다른 방식으로 결합되어 있다.

이런 '반응'들이 추상적인 개념처럼 다소 지루하게 느껴질지 몰라도 화학 반응은 우리 주변에서 끊임없이 일어나고 있어! 스테이크를 굽거나 유통기한이 지난 우유를 버릴 때, 샤워기에 낀 석회를 제거하거나 스쿠터를 타고 동네 한 바퀴를 돌 때처럼 때로는 우리가 쉽게 알아차릴 수 있어.

반면 우리를 둘러싼 대부분의 화학 반응은 우리가 인지하기조차 어려워. 하지만 확실히 말할 수 있는 건 우리가 숨을 쉬는 것, 걷는 것, 소화시키는 것, 생각하는 것, 스트레스를 받는 것, 살이 찌는 것, 오줌을 누는 것 그리고 이 책을 읽으며 특히 이해하기 시작하는 건 전부 화학 반응 덕분이라는 사실이야!

화학 반응식은 거의 수학 방정식처럼 쓰곤 해. 왼쪽에는 반응을 일으키는 반응물을 적고 오른쪽에는 생성물을 적는 거지. 하지만 가운데에 = 기호 대신 우리 화학자들은 → 화살표를 적어. 수학자들과 차별성을 둘 뿐 아니라 반응식을 읽는 사람이 어떤 방향으로 화학 반응이 이루어지는지 이해하기 쉽도록 말이야.

너의 첫 번째 화학 반응식으로 집에서 혼자 쉽게 준비할 수 있는 유용한 반응을 추천할게. 바로 수산화 스트론튬($Sr(OH)_2$)에서 시작하는 염화 스트론튬($SrCl_2$) 반응이야. (스포일러: 염산이랑 섞기만 하면 돼. 염산은 염화 수소(HCl)라는 기체가 녹아 있는 수용액이야.)

$$Sr(OH)_2 + 2HCl \rightarrow SrCl_2 + 2H_2O$$

'$Sr(OH)_2$'가 스트론튬이 2개의 OH 그룹에 결합되어 있음을 가리키는 가장 빠른 방법이라는 사실, 알고 있었어? 그냥 HO-Sr-OH라고 쓰는 게 더 좋다고? 그럼 너만 손해야. 화학자들은 괄호를 활용하고 오른쪽 아래에 작게 숫자를 쓰곤 하거든.

이제 우리 첫 번째 화학 반응식의 명쾌한 표현법을 잠시 감상해 보자고. 물론 이렇게 적을 수도 있었을 거야. '수산화 스트론튬 분자 1개가 염산 분자 2개와 반응하여 염화 스트론튬 분자 1개와 물 분자 2개를 만든다.' 그런데 이럴 경우 같은 반응식을 설명하는데 반 줄이면 끝나는 일이 최소한 두 줄 이상으로 늘어나겠지. 그리고 솔직히 말하면 저 반 줄로 끝나는 공식이 보기에도 더 폼나잖아. 어쨌든 네가 길게 늘어 쓰는 방식을 선호한다고 하더라도 아쉬워할 필요는 없어. 이미 너무 늦었으니까. 화학책들은 전부 이렇게 짧은 식으로 쓰여 있어. 물론 이 책을 포함해서 말이야!

2.2 균형 화학 반응식

너는 눈치가 좀 빠른 편이니까 내가 염화 수소 분자 2개와 물 분자 2개를 옆 화학식으로 옮겨놨다는 점을 알아차렸을 거야.

이렇게 한 이유는 자연의 가장 어려운 법칙 중 하나, 바로 질량 보존의 법칙을 따라야 했기 때문이야. 이 법칙은 '아무것도 생성되지 않고 아무것도 없어지지 않지만 모든 것이 변한다.'고 확언하지.

어디서 많이 들어본 것 같다고? 당연하지. 이 법칙은 아이스크림이 녹을

때 왜 '무(無)'로 사라지지 않는지(오히려 깨끗한 청바지에 툭 떨어질 때가 많지) 혹은 강아지를 산책시킬 때 왜 배변봉투를 챙겨가는 일을 잊어버려서는 안 되는지를 설명해 줘.

질량 보존의 법칙을 화학 반응에 적용할 때 중요한 개념이 뭘까? 바로 반응물에 들어 있는 모든 원자들을 반응 생성물에서 만나게 된다는 거야. 마찬가지로 반응물에 들어 있지 않았던 원자들은 마지막 생성물에도 나타나지 못하겠지.

무슨 말인지 하나도 모르겠다고? 좋아, 일단 반응물과 생성물만 적어 보면서 시작해 보자.

$$Sr(OH)_2 + HCl \rightarrow SrCl_2 + H_2O$$

이제 두 반응물의 모든 원소와 두 생성물의 모든 원소를 잘 세어 보면 계산이 맞아 떨어지지 않는다는 사실을 금방 알 수 있어. 예를 들어, 생성물에 염소 원소 2개($SrCl_2$를 만들기 위해 둘 다 스트론튬에 연결되어 있어)가 있으니 HCl의 형태로 염소가 수소에 연결되어 있었던 반응물에도 Cl 원자가 2개 있어야 할 거야.

그럼 반응물은 정리가 끝났어. 우리는 $Sr(OH)_2$ 분자 1개와 HCl 분자 2개가 필요할 거야.

이제 반응물의 수소와 산소 원자를 세어 보면 각각 4개 그리고 2개라는 사실을 발견할 수 있어. 그러므로 생성물의 분자에도 어떤 방법으로든 동일하게 맞춰야겠지. 지금은 몇 개가 있어? 수소 2개와 산소 1개가 모두 물에 들어가 있지. 그럼 쉽네! 생성되는 물 분자를 두 배로 곱하면 게임 끝이지. 방금 전의 반응식을 다시 써 보면 다음과 같아.

$$Sr(OH)_2 + 2HCl \rightarrow SrCl_2 + 2H_2O$$

화학언어로 알려줄게

반응물의 원자 종류와 개수가(이 경우에 Sr 1개, Cl 2개, O 2개 그리고 H 4개) 생성물에 들어 있는 것과 같을 때 화학 반응식이 **균형**을 이루었다고 말한다.

화학 반응식의 균형을 맞추려면 계속해서… 시도를 해야 해.

그래, 네가 제대로 들은 게 맞아. 세계적으로 유명한 또 다른 법칙(즉 '실수를 통해 배운다')을 활용하여 반응식에 있는 분자의 계수를 조금씩 바꿔보는 거야. 얘기가 나와서 말인데 그냥 '분자의 계수'라고 부를 생각은 아니지? 실제로 화학자들은 분자들이 서로 어떤 관계로 반응하는지를 나타내기 위해 어디 가서 또 징그러운 이름을 하나 구해 왔지 뭐야. 이 숫자들은 '화학량론 계수'라고 불려.

정말이야! '원소'는 그리스어로 stechio라고 하며 반응식의 균형을 연구하는 화학 분야가 화학양론(stoichiometry)이라 이름 붙여졌다는 핑계로 말이야. 이 멍청한 행동에 다 같이 일 분간 묵념하도록.

2.3 물질의 양을 나타내는 단위, 몰

이번 장에서는 가장 어려운 개념 중 하나 그리고 화학자들조차 노잼이라 부르는 그것, 바로 '몰'을 정복해 보도록 하자.

어떤 분자가 반응에 참여하는지, 생성물을 만들기 위한 반응물의 결합 방식은 어떠한지를 나타내는 것이 화학 반응식임을 이젠 알고 있을 거야.

예를 들어, 우리에게 익숙한 반응식을 본다면 $Sr(OH)_2$ 분자 1개는 HCl의 분자 2개와 반응하여 새로운 분자 3개를 만든다는 사실을 알 수 있어. 바로 물 분자 2개와 염화 스트론튬 분자 1개지.

$$Sr(OH)_2 + 2HCl \rightarrow SrCl_2 + 2H_2O$$

문제는 우리가 정확히 $Sr(OH)_2$ 분자 1개와 HCl 분자 2개를 섞을 만한 가능성이 거의 없다는 거야. 실제로 앞에서 말했듯이 이런 입자들의 크기는 충격적으로 작아서 눈곱만 한 진드기 엉덩이에 달린 제일 작은 털 한 가닥에도 어마어마한 양의 분자가 들어 있을 정도라고.

바로 여기에 속임수가 있어! 분자 하나하나의 무게를 측정하는 대신 특정한 개수가 담긴 더 큰 양을 사용하는 거야.

화학언어로 알려줄게

화학자들은 일정한 수의 분자가 담긴 기준 체계를 사용한다.

슬슬 무서워지기 시작한다고? 겁먹지 말고 마트나 한 바퀴 같이 돌고 오자고.

오늘 오랜만에 할머니께서 집에 오시기로 했다고 가정해 보자. 우리는 착한 손자(손녀)답게 할머니께서 가장 좋아하시는 요리를 준비해 드릴 거야. 잣과 파슬리를 곁들인 봉골레 스파게티 말이지. 레시피를 따라 만들 건데 식사 인원이 6명이니까 스파게티는 618개 필요하고, 바지락은 132개, 잣은 186개 그리고 파슬리 잎은 36개 필요해. 자, 힘내서 계산을 시작하자고!

잠깐, 동작 그만! 손님들의 한 입 양(스파게티 3개, 바지락 1/2개, 잣 1/4개 그리고 파슬리 1조각)을 계산하다가는 머리가 터질 게 뻔하니 손님 모두를 배불리 먹일 수 있는 양이 들어 있는 재료별 정량(파스타 1팩, 바지락 1봉지, 잣 1봉지, 파슬리 1뭉치)을 쓰는 편이 낫겠다고?

믿거나 말거나 화학자들이 원소로 하는 일들이 너희가 음식을 가지고 하는 일과 똑같아. 그래서 그들은 아주 특별한 주머니를 개발했는데 여기에는 물질별로 정확히 같은 수의 입자가 담겨 있어. 그게 바로 몰이야. 이런 식으로 하면 분자를 하나씩 반응하게 해 보려고 영혼마저 갈아버리는 대신 여러 물질의 몰을 통째로 섞어서 무슨 일이 일어나는지 보는 거지.

그러나 원자와 분자의 무게가 몹시 하찮다보니 가정용 저울을 이용해 무게를 측정하기 위해서는 엄청난 양의 입자가 필요할 거야. 실제로 정확히 602200000000000000000000 입자(6.022×10^{23}이라고도 쓰는), 즉 1몰이 필요한 거지.

화학언어로 알려줄게

몰(mol)이란 물질량을 나타내는 단위로, 6.022×10^{23}개의 구성요소를 포함하고 있다.

다시 말해 몰은 화학자들이 원자와 분자를 세기 위해 선택한 주머니일 뿐이야. 다만 마트의 봉지와는 달리, 물질은 다른데 몰 질량이 같다면 똑같은 양의 단일 성분(원자, 분자, 이온, 스파게티, 바지락 등)을 담고 있지.

수소 1몰은 6.022×10^{23}개의 수소 원자를, HCl 1몰은 6.022×10^{23}개의 염화 수소 분자를, Sr^{2+}는 6.022×10^{23}개의 스트론튬 이온을… 그리고 스파게티나 바지락 1몰은 각각 6.022×10^{23}개의 스파게티, 6.022×10^{23}개의 바지락을 담고 있지. 참고로 파스타를 물에서 건지는 법은 화학 문제가 아니야!

힘을 내서 우리가 가장 좋아하는 화학 반응식을 밑에 다시 써 보자.

$$Sr(OH)_2 + 2HCl \rightarrow SrCl_2 + 2H_2O$$

하지만 주의해야 해. 이번에는 $Sr(OH)_2$ 분자를 HCl 분자 2개와 반응시키는 대신 $Sr(OH)_2$ 분자 6.022×10^{23}개를 6.022×10^{23}개의 두 배, 즉 HCl 분자 12.044×10^{23}개와 반응시킬 거니까.

상상만 해도 엉망진창이지? $Sr(OH)_2$의 각 분자는 쏜살같이 스쳐지나가는 12.044×10^{23}개의 HCl 분자 중 2개와 결합하여 $SrCl_2$ 분자 1개를 만들겠지. H_2O 분자 2개를 방출하면서 말이야. $Sr(OH)_2$ 분자 6.022×10^{23}개가 HCl 분자 12.044×10^{23}개와 반응을 일으키는 화학 반응이 끝나면 온 집안에 $SrCl_2$ 분자 6.022×10^{23}개와 물 분자 12.044×10^{23}개가 흩어져 있겠지. 오, 이게 무슨 얘기래?

더 최악인 것은 이러한 과정이 종종 한순간에 일어난다는 점이야. 우리가 성냥을 켤 때, 상처를 소독할 때, 머리를 염색할 때 어마무시한 양의 화학 반응이 즉시 일어나지.

얼떨떨해 보이는 표정을 보니 이쯤에서 요점 정리가 필요하겠군. 몰이 어마어마하게 큰 숫자여야 하는 이유는 일단 이해했지? 아주아주 작은 입자들을 다루기 위해 화학자들이 고안해낸 비밀 전략일 뿐이야. 이런 방식으로 각 무게가 '약' 10^{-24} g인 '약' 10^{24}개의 입자들의 무게는 '약' 1그램이 돼. 하지만 몰이 실제로 하는 역할은 이보다 훨씬 커. 게다가 진짜 멋진 부분은 위에서 세 번 언급한 '약'이란 점이야. 무슨 뜻인지 곧 알게 될 테니 조금만 기다려줘!

2.4 아보가드로수

어떤 물질이든 상관없이 1몰에는 정확히 6.022×10^{23}개의 그 어떤 물질의 기본 입자가 들어 있어. 그리고 이건 그냥 아무 숫자가 아니야. 아보가드로 상수 혹은 아보가드로수, N_A라고 부르며 12 g의 탄소 ^{12}C에 들어 있는 원자 수와 정확히 일치해.

연필을 한번 관찰해 보자. 연필심은 흑연으로 만들어졌는데 이 흑연은 탄소 ^{12}C가 지구에 존재하는 형태 중 하나야.

만약 연필심의 무게가 정확히 12 g이고 누군가 ^{12}C를 구성하는 모든 원자 개수를 세어 볼 엉뚱한 생각을 한다면 602200000000000000000000개, 즉 6.022×10^{23}개를 발견하게 되겠지. 이쯤 되면 아보가드로를 믿는 편이 좋을 거야. 인생은 연필 한 자루의 원자 수를 세고 있기에는 너무 짧으니까….

여기서 조심해야 할 점이 있어. 탄소의 동위 원소인 탄소-12와 관련해서는 책의 첫 번째 장에서 이미 다루었지. 과학자들이 서로 옥신각신하다 지쳐 결국 ^{12}C를 원자 질량 단위의 기준 원자로 선택했던 그 이야기 기억나지? 잠시만, 내가 그 개념 정의를 다시 보여줄게.

화학언어로 알려줄게

원자 질량 단위는 1.66×10^{-24} g이며, ^{12}C 원자 질량의 1/12이다.

제발 책을 바닥에 내팽개치지 말고 아보가드로가 어떻게 단 2개의 곱셈으로 우리를 엉망진창에서 구해냈는지를 감상해 봐. 가장 어려운 부분이니까 나를 잘 따라와야 해.

화학언어로 알려줄게

어떤 물질의 1몰을 그램 질량으로 표기한 것을 몰 질량(M)이라고 한다.

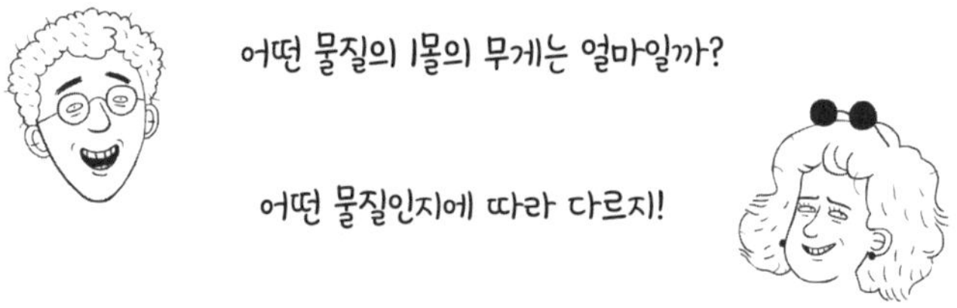

수소 1몰은 수소 원자가 매우 가볍기 때문에(양성자 1개의 무게는 1원자 질량 단위와 같거나 살짝 더 무거워) 무게가 별로 나가지 않아. 스트론튬 1몰은

더 무거운데(약 88 u), 이는 스트론튬이 수소보다 무겁기 때문이지. 따라서 바지락 1몰은 이보다 충격적으로 더 무거울 거야(예를 들어 10 g).

이제 참을 인자를 새기는 마음으로 계산을 좀 해 보자. 어떤 원소의 몰 질량은 그저 그 원소의 질량을 1몰 안에 들어 있는 원자 수를 말하는 아보가드로수 N_A, 즉 6.022×10^{23}에 곱한 것뿐이야.

그런데 우리는 원자의 무게를 계산하는 법을 앞에서 배웠잖아. 기억나지? 원자의 질량을 구하려면 원자량을 1.66×10^{-24} g에 곱하기만 하면 돼. 다시 말해 $M = 원자량 \times 1.66 \times 10^{-24} \times 6.022 \times 10^{23}$야.

그럼 ^{12}C에 대한 계산을 연습해 보자. 탄소 ^{12}C의 원자량은 12 u야. 그러므로

$$12 \times 1.66 \times 10^{-24} \times 6.022 \times 10^{23} = 12$$

잠시만… 이게 무슨 뜻이지? 무슨 일이 일어난 걸까?

몰의 개념은 어떤 물질의 1몰을 그램으로 표기한 질량이 해당 물질의 원자량(혹은 분자량)과 같도록 만들어졌어.

그리고 이 놀라운 사실은 모든 물질에게 적용되는데, 6.022×10^{23}은 정확히 1.66×10^{-24}의 역수라는 단순한 이유 때문이지. 그러므로 이들을 서로 곱하면 1이 나오는 거야(의심하기는! 계산기 가지러 가는 거 내가 다 봤어!).

그러므로 좀 전에 본 화학식은 이렇게 되는 거야.

$$M = \text{원자량} \times 1 = \text{원자량}$$

화학언어로 알려줄게!

어떤 물질의 **몰 질량**은 몰당 그램으로 표기된 그 물질의 원자량 혹은 분자량과 같다.

몰 질량과 분자량의 유일한 차이는 측정 단위야. 원자량과 분자량은 원자 질량 단위(u)로 측정하는 반면, 몰 질량은 몰당 그램(g/mol)으로 측정하지.

예를 들어 보면 Sr의 몰 질량, 즉 Sr 원자 6.022×10^{23}개의 질량은 87.62 g이야. 스트론튬의 원자량이 87.62 u이기 때문이지. 같은 방법으로 분자량이 158.53 u인 염화 스트론튬 $SrCl_2$은 몰 질량이 158.53 g/mol이겠지.

이제 할머니께서 좋아하시는 바지락으로 돌아가 보자. 각각의 무게가

10 g인 바지락 더미가 눈앞에 있다고 생각해 봐. 바지락의 몰 질량은 얼마일까? 10 g × 6.022 × 10^{23} = 6 × 10^{24} g = 억만 톤 이상의 바지락일 거야.

전부 요리하기는 불가능하다고 할 수 있겠어! 그럼 이제 마스터셰프에서 몰이라는 단위를 선호하지 않는 이유가 좀 설명이 되는군.

우와! 불가능해 보였지만 마침내 우린 해냈어. 몰의 마지막까지 왔어! 아이스크림이라도 하나 먹고 와. 그 정도 누릴 자격은 충분하니까. 다음 장에서는 지금까지 읽은 몹시 흥미로운… 내용들이 도대체 어디에 쓰이는지를 마침내 발견하게 될 테니 뇌가 잘 돌아가도록 달달한 군것질이 좀 필요할 거야.

2.5 몰과 그램

이제 어떤 물질의 몰 질량을 계산하는 법을 배웠으니 그 물질에 특정 그램만큼 들어 있는 몰수도 계산할 수 있게 되었어! 꿈은 이루어지는 거야. 안 그래?

예를 들어 할머니의 그 유명한 스트론튬 장식품이 43.81 g이라고 하자. 그러면 Sr의 몰수를 알기 위해서는 장식품의 무게를 스트론튬의 몰 질량으로 나누기만 하면 돼.

$$\text{Sr의 몰수} = 43.81\ \text{g} \div 87.62\ \text{g/mol} = 0.50\ \text{mol}$$

1/2몰짜리 근사한 스트론튬 장식품이군!

반면 그들이 속임수를 써서 장식품이 실제로는 염화 스트론튬으로 만든 거

라면 43.81 g : 158.53 g/mol = 0.276이므로 겨우 0.276몰의 $SrCl_2$이 되겠지. 명심해. 스트론튬 장식품 상인들은 타고난 사기꾼들이니까 절대 믿어서는 안 돼!

일반적으로 어떤 물질이든 이 공식이 적용돼.

$$n = \frac{m}{M}$$

여기서 n은 몰수이고 m은 그램으로 표기된 질량 그리고 M은 몰 질량을 의미해. 그런데 이것의 반대 공식이 활용도가 더 높아. 우리가 n과 M을 알고 있을 때 m을 구할 수 있기 때문이지.

$$m = n \times M$$

화학자들은 화학 반응을 일으키기 위해 특정 물질의 정확한 몰수 n이 필요할 때가 종종 있어. 몰을 측정하는 저울은 아직 발명되지 않았으니 몇 그램을 측정해야 하는지 알아야 하지.

예를 들어(이번이 내가 마지막으로 들이미는 거라 약속할게)

$$Sr(OH)_2 + 2HCl \rightarrow SrCl_2 + 2H_2O$$

이 화학 반응에서 염화 스트론튬 1몰(그리고 물 2몰)을 얻기 위해 수산화 스트론튬과 염화 수소를 각각 몇 그램씩 섞어야 하는지 계산하고 싶다면, 반응물의 몰 질량을 계산하기만 하면 돼. 이 경우에는 $Sr(OH)_2$과 HCl이 각각 121.63 그리고 36.46 g/mol(못 믿겠으면 직접 계산해 봐)이므로 다음과 같음을 알게 될 거야.

$$M_{Sr(OH)_2} + 2 \times M_{HCl} = 121.63 + 2 \times 36.46$$

그러므로 121.63 g의 $Sr(OH)_2$과 72.92 g의 HCl이 서로 반응하면 다음과 같이 생성되겠지.

$$M_{SrCl_2} + 2 \times M_{H_2O} = 158.53 + 2 \times 18.01$$

다시 말해 158.53 g의 $SrCl_2$과 36.02 g의 H_2O이 생성돼. 이러한 결과는 우리에게 내적 만족감을 줄 뿐 아니라 스트론튬과 그의 화합물마저도 숭고한 질량 보존의 법칙을 지킨다는 점을 증명해 주지. 총 194.55 g의 반응물(121.63 + 72.92)을 섞으면 어쨌든 항상 194.55 g의 생성물(158.53 + 36.02)을 얻게 되듯이 말이야.

정말 흥미롭지? 하지만 이건 시작에 불과해!

2.6 화합물의 조성 백분율

누구나 한번쯤 물속에 있는 수소의 비율은 얼마나 될지 혹은 탄산수소염에 포함된 탄소는 얼마일지 고민해 보잖아. 이런 생활 속 궁금증들이 드디어 밝혀질 테니 기대해!

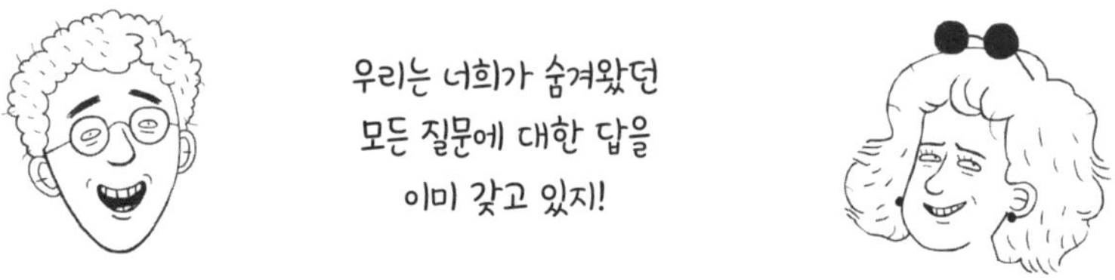

어떤 분자 속에 들어 있는 원소의 비율은 어떤 원소든 화학식을 읽으면 바로 알 수 있어. 스트론튬을 다시 떠올려 보자. $SrCl_2$(분자량 158.53 u) 1몰의 무게는 158.53 g이며 Sr(원자량 87.62 u) 1몰, 즉 87.62 g의 스트론튬 그리고 무게가 각 35.46 g인 Cl(원자량 35.46 u) 2몰이 들어 있지.

그렇다면 방금 위에서 소개한 정보가 염화 스트론튬 안에 있는 스트론튬의 비율을 계산할 수 있게 해 줄 거야!

$SrCl_2$ 1몰에 들어 있는 Sr 그램의 양을 염화 스트론튬의 몰 질량(즉, $SrCl_2$의 몰 질량)으로 나눈 후 그 값을 100으로 곱하기만 하면 돼(백분율이니까). 숫자로 다시 적어 보면 다음과 같아.

$$SrCl_2\text{의 } \%_{Sr}(\text{Sr의 질량 백분율}) = \frac{87.62}{158.53} \times 100 = 55.27\%$$

정말 황홀하지 않아? 그렇지? 어떤 친구는 또 $SrCl_2$ 안에 염소는 얼마나 들어 있는지 분명히 궁금해할 것 같아.

아주 쉬워. 같은 방식으로 계산하면 돼. 다만 염소 원자는 2개라는 점을 기억해야 해.

$$SrCl_2\text{의 } \%_{Cl}(\text{Cl의 질량 백분율}) = \frac{2 \times 35.46}{158.53} \times 100 = 44.73\%$$

$SrCl_2$이 서로 다른 2개의 원소로만 구성되어 있다 보니 $\%_{Cl}$은 100%에서 55.27%를 빼서 구할 수도 있었어. 축하해! 아주 잘 따라오고 있어!

상을 받아 마땅하니 전에 물어봤던 모든 질문에 대한 답을 주도록 할게. 물속에 들어 있는 수소의 비율은 11.19%이고, 탄산수소 나트륨 $NaHCO_3$은 14.30%의 탄소를 포함하고 있어.

계산은 혼자서도 충분히 할 수 있을 거야. $SrCl_2$의 $\%_{Sr}$를 구하는 과정과 동일하거든.

2.7 실험식과 분자식

난 네가 마음에 두고 있는 이성 친구가 모발관리에 굉장히 집착한다는 사실을 알고 있지. 이제 넌 어떻게 하면 화학식만으로 샴푸의 조성 백분율을 구할 수 있는지 설명해 주면서 너의 화학 실력을 과시할 수 있어. 두고 봐. 그 아이가 너에게 푹 빠지고 말걸?

아쉽게도 물질들은 보통 자신의 화학식이 적힌 꼬리표를 달고 있지 않아.

실제로는 그 반대되는 일이 훨씬 유용하니까 말이야. 즉, 조성 백분율을 알고 화학식을 구하는 것이지.

〈멘탈리스트〉부터 〈CSI〉까지 보통 경찰이나 형사들이 출연하는 작품에는 훌륭한 형사가 범죄현장을 수사하면서 카펫 위 얼룩을 발견하고 화가 난 표정과 초췌한 눈빛으로 이게 대체 뭘까 스스로 묻곤 하지. 긁어낸 얼룩 성분 샘플은 바로 '과학수사대'로 넘겨져. 그리고 그곳에서 연기가 폴폴 나는 시험관을 거치고 슈퍼컴퓨터의 데이터 분석이 끝나면 수사관은 의기양양하게 외칠 거야. "염화 스트론튬입니다!" 아니 보통 "1,3,7-트리메틸크산틴입니다."처럼 더 멋진 이름을 사용하지. 사실 카페인의 화학명일 뿐이지만.

과학수사대가 하는 일의 중요한 부분은 '의심스러운' 분자를 구성하는 화

학 원소가 무엇이고 몇 개인지를 분석하는 일이야. 이런 환상적인 분석 작업을 할 때 가장 자주 사용되는 도구가 바로 '원자 흡수 분광계'라는 사실 알고 있었어? 시험에 나오는 건 아니니까 안심해. 대신 친구들 앞에서 아는 척 좀 하고 싶을 때 써먹으면 좋은 표현이지.

방송이 끝날 때쯤 형사는 카펫에 묻은 얼룩 성분이 $SrCl_2$임을 듣게 되지. 과학 분석은 얼룩에 염소와 스트론튬이 포함되어 있고 Cl의 조성 백분율이 44.73%라는 점과 Sr의 조성 백분율이 55.27%임을 밝혀낸 거야.

과학수사대는 이 사실을 어떻게 밝혀냈을까? 이보다 더 간단할 수 없어. 슈퍼컴퓨터 자판을 두드리면서 염소와 스트론튬 백분율을 각각의 몰 질량으로 나누었을 뿐이야. 그렇게 바로 카펫을 더럽힌 수상한 물질 100 g에 포함되어 있는 Cl과 Sr의 몰수 n을 구한 것이지.

$$n_{Cl} = \frac{44.73}{35.46} = 1.26 \text{ mol}$$

$$n_{Sr} = \frac{55.27}{87.62} = 0.63 \text{ mol}$$

위의 두 나눗셈은 이 수상한 물질 100 g에는 1.26몰의 염소와 0.63몰의 스트론튬이 포함되어 있음을 알려주고 있어. 즉, 염소의 몰수가 스트론튬 몰수의 두 배라는 거야. 하지만 각 몰에 같은 수의 원자(우리의 친구 아보가드로가 가르쳐줬듯이)가 들어 있다면 얼룩을 만들어낸 물질 분자 내 염소 원자 수는 스트론튬 원자 수의 두 배가 될 거야. $SrCl_2$ 얼룩이니까!

그건 그렇고 범인은 당연히 은그릇에 광을 내고 장식품에 먼지를 털면서 염화물 수집이란 흥미진진한 취미를 가진 집사였어.

이제 스스로 하이파이브를 한번 하도록 해. 방금 네 생애 최초로 화합물의 실험식, 즉 분자를 구성하는 원자의 가장 간단한 비율을 찾아냈으니까!

실은 이번 '사건'의 경우 운이 굉장히… 좋았어. 왜냐하면 그 집사가 카펫에 남긴 얼룩은 염소 원자 2개와 스트론튬 원자 1개로만 구성된 분석하기 매우 쉬운 분자였기 때문이야. 일반적으로 얼룩은 한 가지 물질로만 구성된(이건 또 다른 이야기이지만…) 경우가 매우 드물거든.

보통은(아니, 거의 항상) 이렇게 술술 일이 풀리지 않아. 분자 하나에 들어 있는 각 물질의 원자 수는 1 혹은 2보다 훨씬 크기 때문이지. 예를 들면 카페인의 화학식은 $C_8H_{10}N_4O_2$야! $SrCl_2$에 비하면 말 그대로 악몽이지. 그럼에도 불구하고 과학 분석 작업은 복잡한 분자의 경우에도 동일해.

못 믿겠다고? 내가 직접 보여줄게. 과학 분석에 따르면 냅킨에서 발견한 또 다른 수상한 갈색 얼룩이 C, H, N 그리고 O를 각각 49.48%, 5.19%, 28.85% 그리고 16.48% 포함하고 있다고 말하고 있어.

마찬가지로 슈퍼컴퓨터를 활용한 계산을 해 보면(굳이 그러고 싶다면 방법은 알고 있으니 직접 검산해 봐) 이 화합물이 실험식 $C_4H_5N_2O$와 같음을 발견할 수 있어.

'매우 흥미롭군.'이라고 생각하겠지. 그럼 이제 어떻게 해야 할까? 인터넷에 이 실험식이 어떤 물질과 일치하는지 찾아봐야지. 예를 들면, 그 실험식을 가진 물질 중 몰 질량이 97.1인 피리미디놀레이트(Pyrimidinolate)라는 놀라운 물질이 있어.

뿌듯한 마음으로 추리물 주인공들에게 이 소식을 전하려 하는 순간 동료가 와서 분자의 몰 질량이 97.1이 아닌 정확히 그 두 배, 194.2를 가리키는 다른 실험 데이터를 가져다줄 거야.

굉장하네. 그럼 이제 어떻게 하지? 겁먹을 필요 없어. 실험식 $C_4H_5N_2O$에 들어 있는 원자들의 개수를 두 배로 곱해 주기만 하면 돼. 그들 사이의 관계는 그대로 유지하면서 말이지(즉, 산소 하나당 항상 탄소 4개, 수소 5개 그리고 질소 2개). 그러면 얼룩 성분을 가장 잘 나타내는 화학식, 즉 분자식을 얻게 될 거야.

이 경우에는 $C_8H_{10}N_4O_2$으로, 일치하는 물질이 1,3,7-트리메틸크산틴을 포함하여 수백 가지야. 냅킨 냄새를 맡는 형사의 행동이 우리의 가설을 확증

해 주지. 얼룩에는 분명 1,3,7-트리메틸크산틴, 더 친숙한 이름으로 카페인이 들어 있어.

사건은 해결되었어. 범인은 역시 그 집의 집사로 강박적인 염소 수집자일 뿐만 아니라 카페인 중독자야.

다시 우리 이야기로 돌아와서 실험식은 염화 스트론튬의 경우처럼 분자식과 똑같을 수도 있어. 그렇지 않은 경우라면 분자식은 카페인처럼 실험식의 배수야.

끝으로 네가 놀라지 않기로 약속한다면 피리미디놀레이트 $C_4H_5N_2O$와 카페인 $C_8H_{10}N_4O_2$의 구조식도 한번 보여 줄게. 그리고 질소와 산소 원자는 쉽게 셀 수 있도록 색칠까지 해 주지.

다각형의 남은 꼭짓점은 탄소 원자라는 점을 기억해. 이렇게 복잡한 분자의 경우에는 화학식을 복잡하게 만들지 않으려고 수소 원자는 표기하지도 않는다고. 나를 믿어 봐. 그림에 보이지는 않아도 왼쪽에 5H가 있고 오른쪽에 10H가 있어. 하지만 이런 내용은 이 책에서 다루지는 않을 거야.

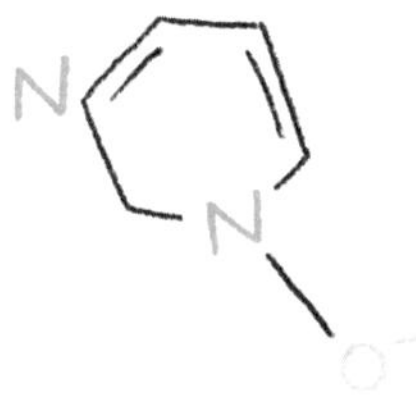

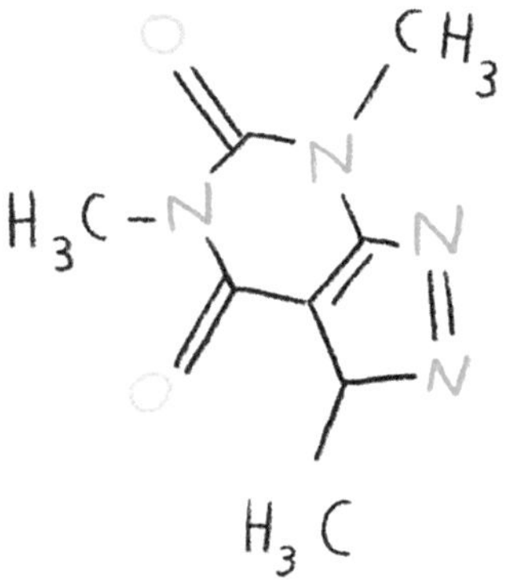

이 정도면 2장도 드디어 마침표를 찍을 수 있을 것 같아. 지루해서 죽지 않고 아직 살아남은 걸 진심으로 축하해! 이제 화학 반응과 계산, 특히 스트론튬과 그의 형제들에게서 잠시 벗어나 충분한 휴식을 취한 후 물질의 상태를 공부하기 위해 용감하게 넘어가 보자.

3장 공기처럼 가볍게

인정할 건 인정하자. 솔직히 '기체성 물질'이라고 말하는 편이 '가스가 들어 있는'이라고 하는 편보다 훨씬 폼 나잖아. 이렇게 어려운 단어는 기억도 못 할 거라는 선생님의 기대에 부응하지 말자고. 어때, 정말 쉽지 않아? 공기의 형태를 띠고 있으므로 기체성이지. 이제 머리에 입력됐지? 좋아, 이로써 1대 0이야. 네가 앞서고 있어.

3.1 기체의 부피

기체의 예를 몇 개 들어 보자.

- 공기(아이고 놀라워라!)
- 메탄(네가 그렇게 좋아하는 감자튀김을 엄마가 만들 수 있도록 해 주는 것)
- 이산화 탄소(온실 효과를 어찌 잊을 수 있겠어?)
- 염소(수영장물에 들어 있는 그거? 거의 그렇다고 봐야지.)
- 황화 수소(상한 달걀과 방귀에서 나오는 것)

드디어 이번 장의 주인공, 방귀가 등장했군! '기체'라는 단어를 읽자마자 네가 방귀 생각부터 했을 거라는 거 알아!

가슴에 손을 얹고 말해 봐. 엘리베이터 안에서 방귀를 뀌어 본 적 없어? 이건 뭐 어찌할 방법이 없어. 사람들이 바로 다 눈치 챈다고. 그리고 너를 쳐다보겠지. 아무렇지 않은 척 휘파람을 불고 있어도 말이지.

이런 현상은 기체를 구성하는 분자들이 그들이 담긴 용기의 형태를 취하

면서(이 경우에는 엘리베이터가 되겠지) 부피 공간을 전부 차지하려고 모든 방향으로 계속해서 움직이기 때문에 일어나는 거야.

화학언어로 알려줄게!

기체 입자가 움직일 수 있는 공간을 기체의 **부피**라고 정의한다.

굉장하지? 부피는 세제곱미터로 측정하고 1세제곱미터는 1,000리터와 같아. 기억이 나지 않는다고? 수학책에 쌓인 먼지부터 털어 봐.

3.2 기체의 압력

기체는 그들에게 주어진 모든 부피를 차지하지. 그리고 공간이 가득 차면 자신이 담긴 용기의 벽에 가서 부딪히기도 해. 기체 입자가 벽에 부딪힐 때마다 벽을 밀게 되지. 부딪히고 또 부딪히다 보면 앞서 살펴봤듯이 엘리베이터 안 혹은 유독 수업 시간에 나오려고 하는 방귀처럼, 입자들이 외부를 향해 어느 정도의 압력을 발생시켜.

화학언어로 알려줄게

기체의 **압력**은 기체 입자들이 그들이 담겨 있는 용기 벽에 충돌할 때 발생하는 압력이다.

주유소에서 스쿠터 '타이어를 점검'할 때 하는 일이 바로 타이어 내부 공기의 압력을 측정하는 거야.

몇 년 전까지만 해도 압력은 기압(atm)으로 측정했어. 어떤 사람이 길을 산책하면 그 사람 머리 위에 있는 기압이 얼추 공기의 압력과 같았지.

하지만 화학자들이 '단순한 일 복잡하게 만들기' 올림픽 규칙의 전문가이다 보니 아주 반가운 대안을 생각해 냈지 뭐야. "기압 대신 토르(torr)를 사용하는 건 어때?" "아냐! 밀리바(mbar)가 낫지." 논쟁은 끝도 없었어.

결국에 과학자들은 합의하는 데 성공했고, 압력을 표기하는 방법으로 미

토르(TORR)!
밀리바(MBAR)!
기압(ATM)!

래의 학생들을 공포로 몰아넣을 측정 단위를 선택했는데, 그게 바로 파스칼(Pa)이야. 1기압을 만들려면 십만 파스칼 이상, 정확히 말하면 101,325파스칼이 필요해. 정말이야.

내키지 않겠지만 그냥 받아들여. 너의 신임하는 계산기를 옆에 딱 끼고 참을성을 갖고 환산을 해 보는 거야.

$$1\ \text{atm} = 760\ \text{torr} = 1.01325\ \text{bar}$$
$$= 1{,}013.25\ \text{mbar} = 101{,}325\ \text{Pa}$$

3.3 실제 기체와 이상 기체

경고 하나 할게. 이제부터 진흙탕 속으로 들어갈 테니 장화를 신도록! 하지만 너무 걱정하지는 마. 밖으로 꺼내 줄 내가 있으니까!

너는 지금 압력, 온도 그리고 부피 변화에 따른 기체의 움직임을 설명하는 법칙을 찾기 위해 방귀를 뀌고, 풍선을 불고, 주사기를 부수며 주방을 폭발시켰던 각 나라 화학자들의 놀라운 모험을 공연장 첫줄에서 감상할 수 있는 표를 구한 거야!

뜸들이지 않고 바로 얘기할게. 수많은 시행착오의 결과는 바로 이거야.

$$PV = nRT$$

하지만 재미있는 부분을 놓치면 안 되니 처음부터 시작하도록 할게.

아주 단순한 예로 시작해 보자고. 완벽한 기체라고도 부르는 이상 기체를 하나 만들어보자. 아니, 너의 모든 소원을 이루어 줄 가스가 아니야. 그냥 우리의 계산을 조금 더 쉽게 만들어 줄 근삿값일 뿐이야.

우리의 이상 기체는 4개의 특징을 가지고 있어.

1) 각각의 입자는 기체의 총 부피에 비해 무시할 수 있을 정도로 작은 부피를 가지고 있어.

예시: 모기떼로 뒤덮인 너의 방을 상상해 봐. 물론 징그러운 그림이겠지만 비율이란 개념을 정확하게 인식하도록 도와줄 거야. 모기가 방 크기에 비해서 매우 작듯이 이상 기체의 입자 또한 매우 작아.

2) 입자들은 각기 선호하는 특정 방향 없이 계속해서 움직여.

예시: 기가 막힌 하루를 보내기 위해 학교를 하루 땡땡이쳤다가 시내 거리를 지루하게 어슬렁거렸던 적 기억해?

3) 각각의 입자는 다른 입자들과 매우 멀리 떨어져 있고 인력이나 반발력이 작용하지 않아.

예시: 겨울 바다는 '낭만적이고 시적이며 환상적'이라며 1월에 엄마 아빠가 바다로 너를 데리고 갔던 날을 떠올려 봐. 막상 해변에는 너희 가족과 너를 전혀 신경 쓰지 않는 어떤 실연당한 사람만 있는 장면 말이야.

4) 두 입자가 서로 충돌하면, 그 충돌은 탄성충돌이기 때문에 에너지 손실이 없어.

예시: 네가 좋아하는 여자 아이의 문자를 읽느라 길을 걷다가 전봇대에 부딪혔을 때와 정확히 반대의 경우지.

이상 기체의 특징을 요약해서 기억하면 다음과 같아. 모기 네 마리가 땡땡이를 치고 해변을 떠돌다가 전봇대에 부딪힌다.

희소식은 수소, 헬륨, 산소와 질소처럼 가장 일반적인 실제 기체의 상당수가 이상 기체와 매우 유사하게 행동한다는 점이야.

3.4 압력, 부피, 그리고 몰

믿거나 말거나 몇 백 년 전 우리의 훌륭한 과학자들은 자신들이 발견한 온갖 기체를 가열하고 압축 및 팽창을 시키면서 시간을 보냈어. 그리고 이 모든 과정을 관찰하며 일어나는 일을 기록했다지.

다만 필사적으로 노력해도 기체를 가지고 크게 할 수 있는 일은 없었어.

- 가열하거나 냉각시킬 수 있어(즉, 기체의 온도 T에 변화를 줄 수 있지).
- 각각 다른 크기의 용기에 넣을 수 있어(기체에 주어진 부피 V를 변경할 수 있어).
- 압축하거나 팽창시킬 수 있어(압력 p에 변화를 줄 수 있지).
- 기체를 추가하거나 덜 수 있고, 극단적으로는 아예 다른 기체를 선택할 수 있어(입자 수에 변화를 주거나 사용하는 기체를 바꿀 수 있어).

그 시대의 권위자들은 실제로 위에서 언급한 실험 4개 중 하나 이상씩을 하면서 시간을 보냈어. 안타깝게도 그들에게 엑스박스의 발명은 아직 먼 이야기였기 때문이지!

그들이 처음으로 발견한 것은 기체의 양이 많을수록 그것이 차지하는 공간이 증가했다는 점이야. '거참, 대단한 발견이네'라고 너는 생각하겠지. 오늘날에는 풍선 하나만 있으면 공기를 더 불어넣을수록 풍선의 부피(V)가 증가한다는 사실을 알 수 있어.

반면, 주유소에 가서 타이어에 바람을 넣으면 타이어의 부피는 증가하지 않아. 대신 그 압력(p)이 증가하지. 타이어의 압력이 너무 낮으면 공기를 조금 더 주입해야 해. 그런데 압력이 너무 높으면, 스쿠터를 타고 웅덩이를 지나갈 때마다 여기 저기 튕겨 오르는 일을 예방하기 위해 공기를 조금 빼야겠지.

수백 년 전 이것은 정말 굉장한 발견이었어. 특히 풍선 하나 없이, 그리고 타이어 수선공이 없을 때 이루어낸 발견이라 생각하면 더욱 대단한 일이지.

방금 말한 내용을 화학자들이 실제로 쓰는 용어로 정리하면 다음과 같아.

화학언어로 알려줄게

특정 부피와 온도에서 어떤 기체가 가하는 압력은 기체의 분자 수에 정비례한다.

특정 압력과 온도에서 어떤 기체가 차지하는 부피는 기체의 분자 수에 정비례한다.

그리고 품격을 더해 줄 화학식 몇 개를 가져왔어.

$$V = kN \qquad p = kN$$

또는

$$\frac{V}{N} = k \qquad \frac{p}{N} = k$$

여기서 상수 k를 주의해야 해. 쉽게 말해 숫자라는 뜻이야. 이 화학식들은 분자들이 차지하는 부피를 구하려면 기체 분자 수 N에 어떤 숫자 k를 곱하기만 하면 된다는 점을 보여주고 있어.

V∝N 그리고 p∝N이라고 적을 수도 있어. 여기서 ∝은 '정비례한다.'라고 적는 대신 수학에서 사용하는 기호야.

분명히 알아둘 점은 앞으로 등장할 화학식의 k는 다른 숫자라는 거야. 어떤 숫자인지 알 필요도 없지만 숫자 k만이 V와 p를 분자 수 N에 바로 연결한다는 점을 아는 것이 중요해. N의 제곱이나 세제곱 혹은 다른 이상한 공식이 아니라.

만약 V와 p가 ∝N이 아니라 이를테면

$$\propto \sqrt[3]{\log\left(\frac{1}{N}\right)}$$

과 같다면 우리가 아는 세상은 매우 다른 모습이겠지.

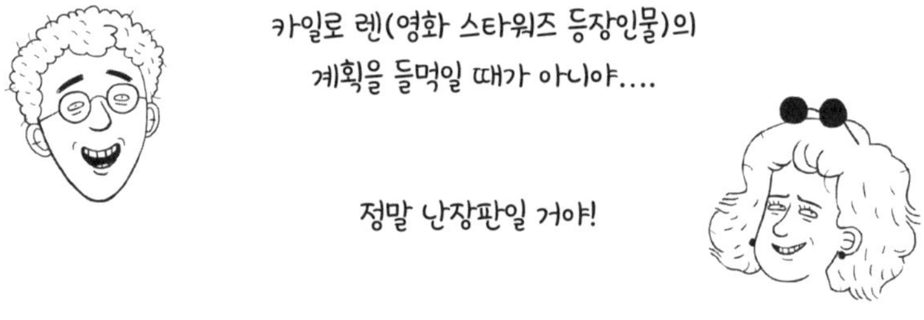

3.5 아보가드로의 법칙

아메데오 아보가드로는 이탈리아의 과학자로 1800년대 사람이었어. 그의 이름을 딴 상수 N_A 덕분에 앞에서 이미 만난 적이 있지. 기체에 관한 이번 장에서 아보가드로가 재조명되는 이유는 또 다른 멋진 발견을 했기 때문이야.

우리의 아보가드로는 다양한 기체(그는 수소, 산소 그리고 질소를 선택했지만 내가 봤을 땐 방귀로도 아마 가능할 거야)를 다양한 색의 '용기'에 담았어. 만약 풍선이 이미 발명되었더라면 분명 활용했을 거야. 하지만…

아보가드로는 모든 '용기'들을 같은 크기가 되도록 불었고(즉, 기체가 같은 부피 V를 차지하도록) 내부에 들어 있는 기체의 질량을 측정하여 각 용기마다 들어간 기체의 몰수를 계산했어. 질량 m으로 몰수를 계산하는 법 기억하지?

그래, 바로 $n = m/M$이야!

아보가드로는 각 용기 안에 들어 있는 기체의 종류와 관계없이 같은 몰수가 들어 있음을 깨달았어. 그래서 뿌듯한 마음을 가득 안고 서둘러 자신이 발견한 바를 써 내려갔지.

화학언어로 알려줄게

아보가드로의 법칙: 온도와 압력이 같으면, 같은 부피 속에 들어 있는 서로 다른 기체들은 동일한 수의 몰을 포함하고 있다. 그러므로 동일한 수의 분자를 포함하고 있다.

실제로 1몰 n에 있는 분자 수 N은 항상 같아. 그리고 상수 아보가드로 N_A와도 일치하지. 지난 장에서 봤던 0이 많은 그 수 말이야. 잊어버린 건 아니지?

아보가드로 덕분에 이전 문단에서 본 화학식을 변경하거나 대문자 N을 소문자 n으로 대체할 수 있게 되었어. 바로 다음을 구하기 위해서지.

$$V = kn \qquad p = kn$$

또는

$$\frac{V}{n} = k \qquad \frac{p}{n} = k$$

3.6 몰 부피

우리의 친구 아보가드로는 결코 막을 수 없는 화학계의 닌자였나 봐! 자신의 원리를 완성하기도 전에 기체 1몰(어떤 기체든!)이 표준 상태(그가 생각하기에는 0℃와 1 atm)에서 차지하는 정확한 부피가 얼마인지 측정하기로 했어. 아보가드로는 왜 이토록 차가운 '표준 상태'를 선택했을까? 글쎄, 어쩌면 아이슬란드인 선조가 있었는지도 모르지….

어쨌든 아보가드로는 팽창과 압축, 그리고 계산을 하며 실험을 계속했고 수도 없는 밤을 하얗게 지새운 끝에 이 부피의 값이 22.4리터라는 결론에 이르렀어. 그는 기체 1몰이 차지하는 부피니까 몰 부피(V_m)라고 이름 지었지. 그런

눈으로 나를 보지 마. 1800년대 사람들은 이런 재미로 살아갔다고 내가 얘기했잖아.

화학언어로 알려줄게

표준 상태, 즉 0℃, 1 atm에서 1.00몰의 기체의 부피는 22.4리터이다.

3.7 일정 온도에서의 변화

과학자들은 이제 막 기체로 재미를 보기 시작했고, 그들은 한껏 열광한 나머지 주사기를 이용한 실험을 시작했어. 물론 바늘이 없는 주사기로 말이야. 그들은 화학자이지 정신 나간 자들은 아니었으니까! 어느 날 주사기 구멍을 손가락으로 막고 실험을 하던 아일랜드 과학자 보일(Boyle)은 주사기 내부 공기의 부피가 피스톤을 눌렀을 때 줄어든다는 사실을 깨달았어.

'아… 그렇지!'라고 넌 생각하겠지….

하지만 내가 장담하건데 보일은 관찰력이 뛰어난 사람이었어. 물론 삼백 년 전에 과학자로 일하는 것은 정말 멋진 일이었지. 아직 발견된 것이 거의 없었고 실험을 할 때마다 새로운 물리법칙을 발견하는 일이 비일비재했거든. 그리고 과학자들이 태생적으로 좀 자기중심적이다 보니 이런 법칙들에는 그들의

이름이 붙여지곤 했어.

보일은 주사기 구멍을 계속 손으로 막으면서 피스톤을 누르는 것을 멈추자 피스톤이 스스로 위로 올라온다는 사실을 깨달았어. 주사기 벽에 기체가 가하는 압력이 줄어들수록 기체의 부피는 점점 증가했지.

보일은 주사기 구멍에서 마침내 손가락을 떼고 제법 어려운 법칙을 써 내려가기 시작했어.

화학언어로 알려줄게

보일의 법칙: 온도가 일정할 때 일정량의 기체에 대한 압력과 부피의 곱은 일정하다.

$$pV = k$$

다시 말하면

화학언어로 알려줄게

온도가 일정할 때 일정량의 기체의 부피는 가해지는 압력에 반비례한다.

$$p = \frac{k}{V}$$

그래, 네가 제대로 이해한 게 맞아. 같은 이야기를 그냥 두 가지 방법으로 표현한 거야!

3.8 일정 압력 또는 일정 부피에서의 변화

지금까지 모든 과학자들은 온도를 일정하게 유지하면서 압력과 부피가 어떻게 바뀌는지 관찰했어.

이런 식으로 보일은 $pV = k$임을 발견했고 이를 매우 자랑스럽게 생각했지. 온도가 항상 일정하게 유지되었기에 이는 등온과정에 해당했어.

하지만 이제 분위기를 좀 뜨겁게 만들 시간이 다가왔어. 드디어 불을 붙이는 거야. 이번 일은 자크 샤를(Jacques Charles)과 조제프 루이 게이뤼삭(Joseph Louis Gay-Lussac)이 도맡아할 거야.

이 두 활달한 프랑스 과학자들은 가장 평범한 기체인 공기를 선택했고 이를 가열했더니 부피가 증가한다는 사실을 깨달았어. 반면 공기를 냉각시키면 부피는 감소했지.

기체로 가득 찬 용기에 뚜껑을 덮지 않았기 때문에 압력은 항상 동일하게 유지되었어. 그러니까 이는 등압과정에 해당했지.

샤를은 온도가 1도씩 상승할 때마다 기체의 부피가 얼마나 증가하는지 알아내려고 했어. 어마어마한 양의 초와 종이를 소비하며 몇 달 동안 책을 파고든 끝에 그는 온도가 상승함에 따라 부피가 0.00366리터 증가한다는 사실을 발견했어! 말하자면 공기 1리터의 온도를 1도 상승시키면 그 부피는 1.00366리터가 되는 거야.

굉장하지? 더욱 놀랄 만한 사실은 0.00366은 1을 273으로 나눈 값과 일치한다는 점이야.

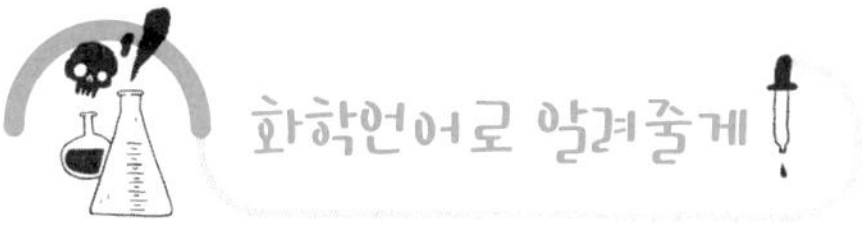

일정한 압력에서 기체의 부피는 온도가 1℃ 올라갈 때마다 0℃일 때의 부피 V_0의 1/273씩 증가한다.

$$V_t = V_0 + V_0\frac{t}{273}$$

여기서 V_t와 V_0는 우리가 측정하고 있는 온도 t와 0℃에서 각각의 기체가 차지하는 부피를 나타내.

네 머리 위로 거대한 물음표가 떠 있는 것 같으니 이제 이 모든 것의 쓰임새를 설명해 줄게. 영화 〈슈퍼배드〉나 〈업〉에 등장하는 바로 그 열기구를 떠올려 봐. 영화를 보면서 혹시 아래쪽에 위치한 연소기가 대체 어디에 쓰이는지 궁금했던 적 없어? 이쯤 되면 아마 스스로 깨달았겠지만 내가 또 굉장히 친절한 사람이니까 그냥 적어 줄게. 연소기는 부피가 증가하도록 공기를 데우고 열기구를 부풀려서 날 수 있도록 하는 거야. 멋지지 않아?

그동안 게이뤼삭이 모든 영광을 동료에게 양보했을 거라 생각하지는 않겠지? 오히려 그는 지고 싶지 않았어. 그래서 부피가 증가할 수 없는 용기에 기체를 담았지. 1800년대 초반에는 압착공기를 넣는 타이어가 아직 발명되지 않았어. 따라서 이를 대체할 수 있는 것으로 뚜껑이 닫혀 있는 냄비보다 적합한 물건은 없었지. 게이뤼삭은 무슨 일이 일어나는지 보기 위해 냄비를 가열하기 시작했어. 냄비는 열기구처럼 부풀지 않고 얼마 후 뚜껑이 열려버렸지. 온도가 상승하지만 냄비의 부피는 증가할 수 없다 보니 기체의 압력이 증가한 거야. 개인적인 생각을 한마디 보태자면 게이뤼삭의 부인은 남편의 실험에 대해 매우 관대했던 것 같아. 하지만 너희 어머니께서도 같은 인내심을 가지셨다고 장담할 수는 없어. 그러니까 부엌과 어머니의 냄비로부터 멀리 떨어지라고.

이것이 바로 너희 화학 선생님께서 등적과정이라고 부르시는 거야. 뚜껑이 열리기 전까지는 최소한 부피가 일정하게 유지되니까.

그러므로 일정한 압력에서의 변화를 설명한 샤를의 법칙에서 실마리를 얻은 게이뤼삭은 다음과 같은 사실을 발견했어.

뻥!

화학언어로 알려줄게

일정한 부피에서 기체의 압력은 온도가 1℃ 올라갈 때마다 0℃일 때의 압력 P_0의 1/273씩 증가한다.

$$p_t = p_0 + p_0\frac{t}{273}$$

이때 주의해야 해! 1/273의 값은 등적과정이든 등압과정 이론이든 마찬가지야. 게다가 선생님께서 깐깐하게 나오신다면 비례 계수의 정확한 값은 1/273.16이라고 무심한 척 말씀드려.

이 두 가지 '프랑스 이론'을 요약하면

화학언어로 알려줄게

압력을 일정하게 유지하면서 기체의 온도를 1도 상승시키면 그 부피는 1/273씩 증가한다. 반면 부피를 일정하게 유지하면서 기체의 온도를 1도 상승시키면 압력은 1/273씩 증가한다. 물론 온도를 높이는 대신 낮추면 기체의 부피나 압력은 온도가 1도씩 낮아질 때마다 1/273씩 감소한다.

그럼 이 주제도 끝났어.

계속하기 전에 샤를과 게이뤼삭이 자신들의 놀라운 법칙을 발견하는 동안 폭파시킨 프랑스의 모든 화학 실험실에 대해 잠시 애도를 표하도록 하자.

3.9 켈빈 온도

어이없는 사실 하나 알려줄까? 영국인 켈빈은 유명해지는 데까지 풍선이나 냄비와 씨름할 필요도 없었대!

켈빈은 '프랑스 이론'들을 갖고 와서 온도(앞으로 소문자 t라고 표기할게)를 측정하는 눈금만 싹 바꾼 거지. 온도를 섭씨(우리가 매일 사용하는 ℃를 말해. 0℃에서 물이 얼고 100℃에서 물이 끓는다고 표현할 때의 그 단위야)로 측정하는 대신 그는 온도(대문자 T)를 켈빈 온도로 측정하기로 결심해.

다시 말해 캘빈은 273 K에 얼음이 녹고 373 K에 물이 끓는 전혀 새로운 자기만의 척도를 만들어.

그럼 이제 너는 묻겠지. 켈빈은 완전히 정신 나간 사람이었나? 사실 그는 진정한 천재였어. 우리가 온도를 켈빈 온도로 표기하면 게이뤼삭과 샤를의 법칙이 한결 간단해지거든.

$$p = kT \qquad V = kT$$

혹은

$$\frac{p}{T} = k \qquad \frac{V}{T} = k$$

이 과정은 너무 쉬워서 너희 혼자서도 충분히 이해할 수 있고 교과서를 참고하면 될 거야.

그런데 한 가지 알고 있어야 하는 점이 있어. 0켈빈보다 낮은 온도는 존재할 수 없어. 시베리아의 겨울왕국이라 불리는 야쿠티아조차 비교가 안 돼.

얘들아, 거듭 말하지만 켈빈은 거장이었어. 그는 음수 값이 존재하지 않는 온도계를 발명한 거야. 절대 영도인 0 K는 이론적으로 가장 낮은 온도(-273.16℃)로, 아직까지 단 한 번도 도달된 적이 없어.

아마 너는 0 K에서 무슨 일이 일어나는지 궁금할 거야. 그러나 어떤 특별

한 일도 일어나지 않아. 다만 기체는 부피 0과 압력 0을 갖게 되지. 즉, 기체를 구성하는 입자가 더 이상 움직이거나 용기 벽에 가서 부딪힐 힘이 하나도 없는 거야. 에너지가 없고 부피가 없는 입자가 존재할 수 없다는 점은 좀 아쉽군.

절대 영도 이하의 온도를 상상해 보면 우리는 미쳐버리고 말걸? 기체 입자의 부피나 압력 값이 음수일 테고 말도 안 되는 조건인데다가 자연에서는 아무런 의미가 없는 값일 테니까.

적어도 내가 사는 우주에서는 말이야.

3.10 이상 기체 법칙

거의 다 왔으니까 조금 더 힘을 내. 교과과정을 다 마치지는 못했지만 기체 공부는 마쳤다고 할 수 있어!

부피에 대해 우리가 알고 있는 바를 요약해 보는 것으로 시작해 보자.

- 아보가드로의 법칙: $V = kn$, 그러니까 $V \propto n$('비례한다'를 $\propto$라고 적는 거야. 기억나?)
- 보일의 등온 법칙: $V \propto \frac{1}{p}$
- 샤를의 등압 법칙: $V \propto T$

그렇다면

$$V \propto \frac{nT}{p}$$

그러므로

$$V = \text{상수}\frac{nT}{p}$$

이 상수를 겸손하고 소박한 이름, '기체 상수'라고 부르자. 친구들은 편하게 R이라고 부르도록.

정리해 보면

$$V = R\frac{nT}{p}$$

이로부터

$$pV = nRT$$

여기서 p는 압력, V는 부피, n은 기체의 몰수, T는 켈빈 온도야. 모든 이상 기체의 변화에 적용할 수 있는 이상 기체 상태 방정식이 드디어 등장했어.

압력을 기준으로 잡았더라도 우리는 같은 결론에 이르렀을 거야. 잘 봐.

- 아보가드로의 법칙: $p \propto n$(위에 단락을 참고해)
- 보일의 등온 법칙: $p \propto \frac{1}{V}$
- 샤를의 등압 법칙: $p \propto T$

$$p = \text{상수}\frac{nT}{V}$$

이로부터

$$pV = nRT$$

이런 말을 해서 미안하지만 이건 네가 반드시 외워야 하는 화학식 중 하나야.

우선 표준 상태, 즉 대기압과 아보가드로가 좋아했던 한기 가득한 온도 0℃에서 기체 1몰에 대한 R 값은 얼마인지 계산해 보자.

방정식을 뒤집기만 하면 돼.

$$R = \frac{pV}{nT}$$

그리고 우리가 좋아하는 측정 단위로 값을 바꿔주면 되는 거야.

$$R = \frac{1.013 \times 22.4}{1 \times 273} = 0.0831 \frac{\text{bar} \times \text{l}}{\text{mol} \times \text{K}}$$

반면 압력을 기압으로 표현하고 싶다면 상수 R의 값은 0.0821일 거야. 오, 놀라워라!

$$R = \frac{1 \times 22.4}{1 \times 273} = 0.0821 \frac{\text{atm} \times \text{l}}{\text{mol} \times \text{K}}$$

자, 이번 장이 정말로 끝났어. 이제 너는 정말 가스와 기체 전문가야. 그러니까 엘리베이터에서 방귀 뀌는 일에 계속 매진해야 해. 걸리지만 말라고!

다음 장 주제는 액체던데,
그럼 엘리베이터에서 오줌을
싸도 된다는 뜻인가요?

4장 액체 속으로 첨벙

기체 다음에는 고체가 나올 줄 알았다고? 아쉽지만 아직 아니야. 이번 장에서 우리가 자세히 알아볼 주인공은 바로 액체라고!

4.1 액체의 특성

얼핏 보면 당연해 보이지만 분명 화학 선생님께서 너희가 기억하길 원하시는 이야기로 시작해 보자.

화학언어로 알려줄게

액체는 일정한 형태가 없고 담긴 그릇의 모양에 따라 형태를 가진다. 또한 액체는 **고유의 부피**를 갖고 있으며 압축할 수 없다.

어떤 액체의 부피 V는 압력 p에 일어나는 일에 전혀 상관없이 일정하게 유지된다는 점을 반드시 명심해야 해. 실제로 풍선에 물을 채워 힘껏 누르면 아무 일도 일어나지 않거든. 기껏해야 눈앞에서 터지는 정도랄까?

아니나 다를까, 1700년대 과학자들은 머리부터 발끝까지 물에 젖지 않고서는 물을 가득 채운 주사기의 피스톤을 누를 수 없음을 깨닫자마자 액체를 포기하고 바로 다른 매혹적인 발견에 집중하기로 했어.

기쁜 소식은 누구도 우리에게 액체에 관해 외워야 할 법칙을 남기지 않았

다는 사실이야. 제대로 읽은 거 맞아. 액체를 다룰 때 pV = nRT는 성립되지 않아. 그냥 잊어도 좋다는 뜻이야. 이미 잊어버렸다고? 훌륭하군….

슬픈 소식은 고작 몇 줄로 이번 장을 끝낼 수 없기에 뭔가 다른 걸 만들어내야 한다는 점이야. 이를테면 다음과 같은 것 말이지.

화학언어로 알려줄게

기체 입자처럼 액체 입자 또한 끊임없이 움직이며 그들에게 주어진 모든 부피를 차지한다.

다만 이 입자들은 액체 표면 안에 머물러. 기체처럼 여기 저기 날아다니지 않지. 그 이유는 서로를 묶어놓는 힘, 유식하게 표현하면 분자 간 힘을 끊지 못하기 때문이야.

마치 숙제를 하라고 재촉하는 엄마의 잔소리에 문을 박차고 집을 나오는 것과 같아. 찝찝한 마음으로 이를 수 있는 곳은 기껏해야 아파트 계단이겠지. 이처럼 엄마는 항상 엄마이고 너와 엄마의 결합은 끊기 어려워!

하지만 엄마와 마지막으로 싸운 후 네가 혼자서 2주간 디즈니월드에 다녀왔다면 액체의 행동을 이해하기 위해서는 상상력이 제법 필요할 것 같아. 대신 다음 주제인 증발 개념은 단숨에 이해할 수 있을 거야.

4.2 증발

액체를 구성하는 입자들이 모두 같은 운동에너지를 갖고 있지는 않아. 어떤 입자는 낮은 운동에너지(기억하기 쉽게 '안정입자'라 부르자)를 갖고 있는 반면, 어떤 것들은 어찌나 높은 에너지('파괴입자')를 갖고 있는지 액체에서 벗어나기 위해 다른 입자들과 연결된 결합을 잠시 끊을 수 있을 정도지.

액체 속에 있는 동안 극도로 흥분한 이 '파괴입자'들은 바로 그들을 둘러싼 '안정입자'들에 의해 눌리게 되기 때문에 다시 얌전하게 각자 자리로 돌아가. 하지만 이런 '파괴입자' 하나가 '안정입자'가 별로 없는 액체 표면 근처에 자리하는 경우가 생기면 이 입자는 액체로부터 탈출하여 기체 상태로 넘어갈 수 있어. 마침내 자유롭게 디즈니월드로 떠날 수 있게 된 것이지.

끓는점보다 낮은 온도에서 액체 상태가 기체 상태로 바뀌는 기화 현상을 증발이라고 해. 그리고 기체가 다시 냉각되면 액체로 돌아오고, 이를 액화라고 부르지.

내일 샤워할 때 화장실이 증기로 가득 차는 과정을 유심히 관찰해 보길 바라. 이것도 물이 증발하면서 생기는 증기이지. 거울이 뿌옇게 되는 현상 본 적 있어? 이러한 현상이 일어나는 이유는 차가운 거울에 도달한 증기가 바로 물로 돌아가기 때문이야. 말하자면 바로 네 눈앞에서 액화 현상이 일어나고 있는 거야!

이제 알겠지? 만약 동생이 왜 그렇게 오랫동안 샤워를 하냐고 항의한다면 아주 정교한 과학실험을 마무리하는 중이라고 솔직하게 대답할 수 있을 거야.

4.3 포화 증기와 평형

화장실은 액체 실험을 하기에 참 이상적인 공간이야. 이상한 상상이나 하면서 시시덕거리는 건 그만하고, 다음과 같은 간단한 지시사항을 따라해 보렴. 화장실 문과 창문을 봉한 후 욕조에 몸을 담가 봐. 그리고 이제 뜨거운 물이 욕조에 찰수록 점점 올라오는 수증기를 감상해 봐. 몸이 나른해지는 느낌이지?

명심해. 액체 표면에 있는 분자들만 증발할 수 있기 때문에 노출된 표면이 클수록(즉, 너희 욕조가 클수록) 물이 증기로 변하는 과정이 빠르게 진행될 거야. 그리고 여기까지는 비가 내리지 않아.

하지만 화장실에서 사람이 나오기를 몇 시간째 기다리고 있는 사람들이 갑자기 중앙 수도관을 잠가 버려. 넌 화가 나서 소리를 지르지만 그들 덕분에 또 새로운 과학적 발견을 하고 있음을 깨닫게 되지. 증기는 물 표면 위에서 액화되고 다시 액체 상태로 돌아와.

동시에 다른 물 분자들은 천장을 향해 날아올라 수증기가 되지. 모든 것이 네 주위를 돌아다니다 증발한 입자들이 액화된 입자 수와 같아지는 지점에 이르러.

너는 방금 동적 평형상태를 본 거야. 같은 속도로 일어난, 서로 반대되는 두 가지 과정인 액화와 기화가 평형상태를 유지하는 현상이지.

화학언어로 알려줄게!

액체와 평형상태를 이룬 기체를 **포화 증기**라고 부른다.

평형상태일 때 너희 집 화장실에 존재하는 수증기량은 최대치라 할 수 있어. 수증기 상태로 넘어가는 물 분자가 하나 생길 때마다 다른 수증기 분자 1개는

다시 액체 상태가 되어야 해.

하지만 이제 그만 화장실에서 나와. 밖에 사람들이 줄을 섰으니까!

4.4 증기압

우리는 방금 어떤 용기에 담아둔 액체가 얌전히 있지 않는 현상을 살펴봤어. 아무 일도 일어나지 않는 것처럼 보여도 실제로는 몇 개의 입자가 기화하여 수증기 형태로 날아다니기 시작하지.

이제 선생님께서 너에게 이런 문제를 내신다고 가정해 보자. 특정 온도에서 용기에 담긴 액체 혼합물의 몰수가 만들어낸 증기의 압력 구하기 같은 문제 말이야.

당황할 필요 없어. 증기는 기체(정말 해방되었다고 생각했니?)니까 당연히 $pV = nRT$를 쓰면 돼!

액체마다 특정한 증기압을 갖고 있어. 기화하는 경향이 더 강한 액체들은 '증기 압력'이라고도 부르는 증기압이 더 높겠지. 반면 기체보다 액체 상태로 남아 있는 편을 선호하는 친구들은 증기압이 더 낮을 거야.

아마 지금쯤 너는 어떤 물질이 액체 상태를 좋아하는지 혹은 기체 상태를 선호하는지를 알 수 있는 쉬운 방법은 없는지 자문할 거야. 사실 간단한 방법이 없기 때문에 탐정놀이를 하면서 단서를 찾는 수밖에.

우선 기억해야 할 것은 비슷한 물질들 사이에서는 분자량이 작은 물질이 더 쉽게 기화한다는 점이야. 예를 들어 메틸알코올(CH_3OH)과 에틸알코올(CH_3CH_2OH) 사이에서는 분자량이 더 작은 메틸알코올이 증기압이 더 크기 때문에 먼저 기화하지.

그러나 안타깝게도 예외사항도 많이 있어. 예를 들어 분자량이 큰 에틸아코올은 분자량이 작은 물 분자보다 휘발성이 강해. 물 분자를 하나로 묶는 결합 에너지가 에틸알코올보다 크기 때문이야.

사실 아주 명확한 법칙이 존재하는 것은 아니야. 하지만 기화에 관해 지금까지 배운 내용을 바탕으로 아빠가 깜박하고 닫지 않은 와인 병은 '일주일 후면 텅 비게 된다.'에 너의 게임기 전부를 걸어도 좋아. 특히 너희 삼촌이 애주가라면 말이야.

반면 물병은 몇 개월 동안 열려 있어도 물의 부피가 많이 줄어들지 않아. 집에 돌아다니는 삼촌이 있든 없든.

화학언어로 알려줄게

분자 간의 결합이 강할수록 이들이 결합을 끊고 기화할 수 있는 충분한 에너지를 갖기 어렵고 액체의 증기압은 낮다.

잘 들어 봐. 어떤 액체를 기화시키는 확실한 방법은 바로 데우는 거야. 온도를 높이면 더 많은 양의 입자가 다른 입자와의 결합을 끊는 충분한 에너지를 얻게 되고, 이로 인해 증기 상태로 넘어가는 데 성공하겠지.

할머니께서 일요일마다 너에게 먹으라고 주시는 브로콜리가 데쳐졌을 때

더 냄새가 나는 이유가 바로 이거야. 향수를 고를 때 손목에 뿌린 후 양쪽 손목을 비비는 것도 같은 이유지. 마찰 때문에 따뜻해진 피부에 닿으면 향수의 증기압이 높아지고, 따라서 너의 코까지 퍼지는 향기 입자 수가 많아지는 거야.

요약하면

화학언어로 알려줄게

어떤 액체의 증기압은 온도가 높아질수록 증가하며 분자량과 분자 간 결합 에너지가 증가할수록 감소한다.

4.5 끓음

힘내! 이제 어느덧 이번 장의 끝을 향해 가고 있어.

앞서 우리는 특정 조건에서 액체의 표면에 자리 잡은 '파괴' 분자들만 기화할 에너지가 있다는 점과 이들 중 하나가 액체 속에서 수증기의 형태를 띤다면 바로 그 주위를 왱왱거리는 '안정' 분자의 압력에 눌린다는 사실을 살펴봤어.

잠시 '안정 & 파괴' 비유는 뒤로 하고, 아침 출근시간에 만원 버스에서 내리려고 할 때를 떠올려 봐. 내려서 행복하게 집으로 증발하려면 내리는 문까지 이르러야겠지. 이것이 바로 액체와 기체의 경계면이야. 물론 너를 둘러싼 사람들이 지나가도록 허락한다는 전제하에 말이야. 전혀 당연한 일이 아니지. 이건 만원 버스로 매일 출퇴근하는 사람이 증언할 수 있어!

이제 버스에 불을 질러보자. 물론 이론적으로 말하는 거야! 액체의 온도를 높이면 증기압은 상승하지. 계속해서 가열하면 액체 속 증기압이 외부 압력과 같아지는 온도에 이를 거야.

그 온도에서는 액체 속 분자들도 기화할 수 있어. 내부 압력이 외부 압력과 같기 때문에 형성된 '파괴' 기포들은 더 이상 '안정' 입자들에게 눌리지 않지. 이 지점에서 우리는 액체가 끓는다고 말해.

펑!

화학언어로 알려줄게!

어떤 액체의 증기압이 외부 압력에 도달할 때 액체가 끓는다.

끓음은 증발처럼 표면에서만이 아닌 액체 부피 전체에 관한 거야. 끓음은 그 액체의 끓는점에 도달할 때 일어나는데, 끓음을 액체의 완전한 증발로 생각해도 좋아.

마치 버스에 불을 지르면 내릴 문이 수천 개가 생기는 것과 같아. 매우 편한 방법이지만 너는 액체가 아니잖아. 그리고 무엇보다 네가 미성년자일지라도 교도소에 갇히고 말 거라고!

4.6 끓는점

지난 이야기를 요약하면, 뚜껑이 열려 있는 용기에 담긴 액체를 끓이려면 증기압이 대기압 값에 이를 때까지 액체를 가열해야 해. 도달해야 할 온도를 끓는점이라고 하지. 여기까지는 이해했지? 제발 그렇다고 해줘.

수사학적인 질문: 그런데 액체의 끓는점은 항상 같은가요?

답변: 그럴 리가! 끓는점은 변해.

걱정스러운 질문: 그럼 언제 변하나요? 얼마나 변하나요? 어떻게 변하나

요? 왜 변하나요? 그럼 브로콜리 걔네들도 변하나요?

자, 당황하지 말고 하나씩 살펴보자.

우리가 지켜보고 있으면 변한다:

땡. '지켜보는 냄비는 영원히 끓지 않는다.'는 과학적 근거가 전혀 없는 속담이야. 수백 개의 정밀한 연구가 네가 거기 바라보고 서 있어도 물은 끓기를 부끄러워하지 않는다는 사실을 의심할 여지없이 증명했어.

액체 종류에 따라 변한다:

맞아. 휘발성이 강한 액체, 즉 높은 증기압을 가진 액체라면 조금만 가열해도 끓게 할 수 있지. 만약 반대로 액체의 증기압이 낮다면 증기압이 대기압 값에 도달하려면 온도를 꽤 많이 높여야 하겠지.

이제 작은 실험 하나를 보여줄게. 거듭 강조하지만 집에서 따라 해서는 절대, 절대 안 돼! 에테르, 에탄올 그리고 물을 준비해서 각기 다른 냄비에 넣고 끓이는 동안 무슨 일이 일어나는지 관찰해 보는 거야. 어쨌든 우리가 지켜보고 있어도 끓는점은 변하지 않는다는 사실을 알았으니까. $CH_3CH_2OCH_2CH_3$로도 알려진, 화학책보다 사람들을 잠재우는 능력이 뛰어난 마취제인 에테르는 36℃에 이미 끓고 있을 거야. 에탄올은 78℃까지 온도를 올려야 하고, 물론 끓는 물은 100℃까지 이르러야겠지.

세 가지 액체가 모두 끓는점에 이르게 되면, 우리는 한숨 푹 자고 비몽사몽으로 겨우 일어나 땀범벅이 된 것 외에도 물 분자들 간의 결합이 에테르 분자들 사이의 결합보다 훨씬 강하게 묶여 있음을 증명하게 될 거야. 반면 에틸알코올 입자의 결합 에너지는 에테르와 물의 중간 정도겠지.

외부 압력에 따라 변한다:

맞아. 예를 들어 스키를 실컷 타고 난 뒤, 스파게티가 먹고 싶어졌다면 더 높은 고도에서는 대기압이 낮다는 점을 기억해야 해. 그러면 액체가 더 낮은 온도에서도 끓는 것이지. 때문에 네가 해발 3,300 m 산속 오두막 주방 불에 올려둔 물은 대기압에 이르러 90℃에서 이미 끓기 시작할 거야.

그러므로

화학언어로 알려줄게

외부 압력이 감소할수록 물의 끓는점은 낮아진다.

4.7 분별 증류

이제 매우 실용적이고 칭찬받을 만한 예를 하나 들어볼게. 드라마 〈로스트〉처럼 너는 지금 무인도에서 길을 잃었어. 목이 마르고 며칠째, 아니 수개월째 비가 내리지 않아!

바닷물을 마시는 건 불가능하지만, 지금부터 네가 신나서 방방 뛸 비밀 하나를 공개하도록 할게! 불을 피우고 수증기는 다른 곳(커다란 나뭇잎도 괜찮아)에 응축되도록 바닷물을 끓여 봐. 아주 훌륭한 마실 물을 얻을 수 있을 거야.

H2O
H2O
H2O
H2O
H2O
H2O
H2

너는 방금 증류기를 만들고 소금이 하나도 들어가지 않은 증류수를 준비한 거야. 아무 맛도 나지 않지만 분명 마실 수 있는 물이지. 조난당한 다른 사람들 앞에서 얼마든지 큰소리 쳐도 괜찮아. 방금 네가 이들의 생명을 구했으니까.

화학언어로 알려줄게

증류는 서로 다른 끓는점을 이용하여 그 증기를 각각 따로 모아 액체의 다양한 성분을 분리시키는 과정이다.

증류를 활용하여 사람들 앞에서 멋진 인상을 남길 수 있는 또 다른 방법은 보통 창고나 차고에 숨겨두는 기계를 이용한 실험이야. 이 증류기는 무인도에서 바닷물의 염분을 제거할 때 사용했던 것보다 조금 더 복잡하지. 예를 들어 구리 증류기와 유리 증류기 같이 액체를 가열할 수 있는 도구와 생성되는 증기를 식힐 수 있는 '냉각기' 그리고 다시 응축된 증기를 모을 수 있는 용기로 구성되었을 거야.

그냥 알고만 있으라고 말해 주는 건데, 이 도구의 순수 과학적 용도는 밀, 과일, 꿀, 감자, 달걀, 와인처럼 발효가 가능한 온갖 물질을 증류하여 제법 많은 양의 증류액, 즉 물과 에틸알코올 그리고 다양한 성분의 혼합물을 얻는 거야. 화학을 제대로 알지 못하는 사람들은 이 혼합물을 위스키, 보드카, 코냑, 진, 그라파라고 부르지.

마지막에 소개한 이 증류는 분별 증류라고 부르는데 물을 끓는점 이하로 유지하면서(보통 65~70℃) 증류기를 가열하기 때문이야. 물은 최소한으로 증발시키면서 지금 증류시키고 있는 알코올과 함께 다시 응축되도록 말이야. 이렇게 하면 증류된 부분의 알코올 비율을 많이 높일 수 있어.

4.8 압력솥의 원리

엄마가 심어 놓으신 제비꽃을 증류하러 달려가기 전에 압력솥 작동법도 배울 수 있도록 잠시만 참아 봐. 만약 네가 제비꽃 와인을 만드는데 주변에서 가만 두지 않는다면 최소한 브로콜리를 넣고 죽으로 변신시킬 수 있으니까!

보통 압력솥을 사용할 때 용기는 닫혀 있어. 그러므로 불을 켰을 때 발생

하는 증기는 갇힌 상태로 남아 있으니 솥에 담긴 물 층 위로 압력이 증가할 수밖에 없어.

일반적으로 이런 솥은 내부 압력이 약 2 atm에 이르면 칙칙 소리가 나도록 설계되었어. 그래, 맞아. 정상 압력의 두 배지.

이렇게 높은 압력에서 물은 120℃가 되어야 끓기 시작해. 그러므로 100℃를 넘었더라도 아직 액체 상태로 남아 있을 거야.

그렇다면 물이 아직 액체 상태인 115℃에서 할머니의 브로콜리가 얼마나 더 빨리 익을지 상상해 봐! 입에 벌써 군침이 도는 게 보이는군!

이제 액체는 정리하고
고체를 맞이할 시간이야.

페이지를 넘기는 일만 남았어!

5장 참을 수 없는 고체의 무거움

5.1 고체와 입자운동

자, 드디어 네가 기다리던 고체 선수가 무대에 등판했어. 이 무거운 친구는 과연 어떤 특징을 갖고 있을까?

일단 귀찮은 것부터 끝내게 개념정리부터 시작하자.

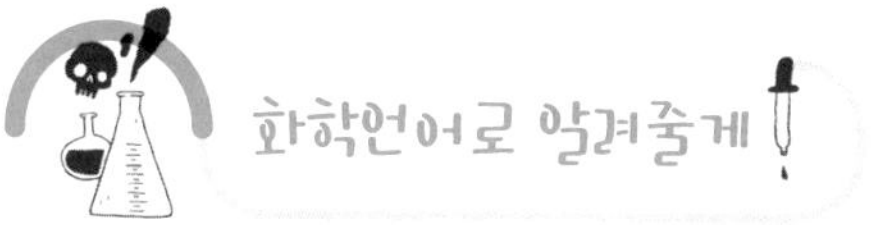

고체는 **고유의 형태와 부피**를 갖고 있으며 압축할 수 없다.

고체 상태에서 입자들은 아주 튼튼한 결합 에너지로 묶여 있어. 자유롭게 이동할 수 없으니 고정된 자리를 차지하며 정교하게 조직된 3차원 물체 속에 갇혀 있지.

그래, 이건 바로 다이아몬드 얘기야. '이런, 벌써부터 재미없어'라는 마음의 소리가 나에게까지 들리는 기분이네? 그 마음 나도 충분히 이해하니까 밖에 가서 바람이라도 좀 쐬고 와. 자, 얼른!

내가 바람 좀 쐬고 오랬지 두 시간짜리 소풍 다녀오라고 했니? 실은 교육적인 이유로 너를 공원에 보낸 거였어. 이제 공원에서 무엇을 봤는지 한번 떠올려 봐. 아니, 난 2학년 2반에 그 예쁜 아이나 3학년 3반의 잘생긴 친구 이야기는 관심 없다니까.

분명 기체처럼 지치지도 않고 여기저기 뛰어다니며 공원 구석구석을 채

우는 아이들을 봤을 거야. 또한 완벽한 액체처럼 아이들에게 발맞춰 이리저리 질질 끌려 다니는 부모들도 목격했겠지.

그리고 벤치에 가만히, 꿈쩍도 하지 않고 고체처럼 단단하게 고정된 할머니 할아버지도 있었을 거야. 아마 '최고의 틀니 접착제는 무엇인가?'에 대한 토론으로 바쁘셨겠지만.

우리 눈에는 고체가 움직이지 않는 것처럼 보여도 실제로는 이를 구성하는 입자들은 끊임없이 매우 빠르게 움직이고 있어. 입자들은 각기 할아버지의 틀니처럼 떨리고 진동하면서 본래 있어야 할 자리에 가까워졌다가 멀어지지. 고체의 이러한 움직임을 진동운동이라 불러.

반면 액체 내에서는 진동운동 외에 병진운동과 회전운동도 가능해. 액체 입자들은 여기저기로 계속해서 이동하는데, 아까 공원에서 본 부모처럼 아이들을 찾을 목적으로 병진하는 것이지. 회전운동의 경우 떡갈나무에 기어 올라간 기체 같은 아들을 내려오게 하려고 회오리처럼 움직이는 부모의 신체 부위가 어디인지 상상해 보면 쉬울 거야.

이해하고 있겠지만 기체 상태의 물질들은 공간의 어떤 방향으로든 빠르고 넓게 이 세 가지 움직임이 가능해.

입자들의 운동 속도는 온도와 함께 상승하지. 어떤 고체, 액체 혹은 기체 물질을 가열하면 이를 구성하는 입자에 열의 형태를 띤 특정 에너지를 제공하게 되고 이는 입자의 움직임이 증가하도록 만들어. 즉 물질의 온도가 상승하게 되지.

화학언어로 알려줄게!

어떤 물질의 **온도**는 이를 구성하는 입자들의 운동에너지 지표이다.

5.2 고체의 특성

이제 '매우 유쾌한' 새로운 친구 세 명을 소개할게. 바로 전성(펴짐성)과 연성(뽑힘성) 그리고 경도야. 이들은 성분과 구조, 이를 구성하는 입자들의 결합 에너지에 따라 변하는 고체의 특성이지.

전성은 얇은 종이처럼 펴질 수 있는 고체의 능력을 말해. 금, 주석 또는 알루미늄처럼 금속은 전성이 가장 뛰어난 고체 물질이야. 예를 들어 엄마가 샌드위치를 포장할 때 사용하는 돌돌 말려 있는 포일이 알루미늄으로 만들어졌지.

연성은 실처럼 가늘고 길게 늘어날 수 있는 고체의 능력을 말해. 연성이 가장 좋은 고체는 역시 금속이야. 특히 백금과 은이 뛰어나지.

하지만 우리 주변에서 접할 수 있는 철사들은 백금이 아닌 철이나 구리로 되어 있어. 왜 그런지 한번 알아맞혀 봐. 그렇지. 더 싸기 때문이야!

경도는 어떤 물질의 긁히지 않는 능력, 즉 자신의 표면에서 입자를 잃어버리지 않는 능력이야. 고체는 그 입자를 연결하는 결합이 매우 강할 때 높은 경도를 갖게 되지.

이제 고체를 파괴하는 남자, 모스가 등장할 차례야. 이 근엄한 독일계 오스트리아 신사는 1800년대 초에 광물학자였던 친구들과 누가 더 강한지 시합을 열기로 했어. 경도가 제일 강한 광물을 소유한 사람이 승리하는 시합이었지.

이 시합에는 매우 간단한 규칙 하나만 있었어.

화학언어로 알려줄게

경도가 높은 물질은 경도가 낮은 물질을 긁을 수 있고, 경도가 낮은 물질은 경도가 높은 물질로부터 긁힌다.

모스는 자신의 실험에 필요한 돌이란 돌은 다 긁어모았어. 그리고 누가 긁고 누가 긁히는지를 확인하고 기록하는 데 꼬박 몇 주를 보냈지. 그리고 겸손하게도 자신의 이름을 붙인 모스경도계에 광석들의 이름을 가지런히 정리했어. 모든 긁기 실험을 마친 그는 활석이 가장 부드러운 물질이며 자연에 존재하는 가장 단단한 고체는 금강석(다이아몬드)이라고 의기양양하게 선언했지.

모스가 완성한 경도계는 1부터 10까지 숫자로 표시한 것으로, 1부터 순서대로 활석, 석고, 방해석, 형석, 인회석, 정장석, 석영, 황옥, 강옥, 금강석이야.

안타깝게도 모스는 긁기 실험에 쓰일 모든 종류의 값비싼 광석을 수중에 갖고 있지는 않았어. 그러니 우리가 바로 메워보도록 하자. 에메랄드는 황옥만큼 단단하고 청옥과 홍옥은 강옥의 또 다른 색일 뿐이야.

모스가 제일 강한 광물들을 법적 소유자에게 되돌려 주었는지는 알려지지 않았어. 하지만 인회석과 정장석을 빌려준 사람은 분명 돌려받았으리라고 내가 확실히 말해줄 수 있어.

주의!! 바로 달려가서 고모의 보석에 망치질을 할 생각은 접으라고. 다이아몬드가 강한 건 사실이지만 불사신은 아니니까.

매우 강한 물질은 보통 매우 약하기도 해. 여기서 약함이란 충격을 견디지 못하는 특성을 말하지. '깨지기 쉬운 약함'이란 쉽게 말해 '연성'의 반대 개념이야. 고모의 보석은 매우 깨지기 쉬워. 정말이야. 어서 제자리에 돌려 놔.

약한 고체의 명백한 예시는 바로 유리야. 쉽게 긁히진 않지만 쉽게 깨지지. 보통 공에 맞고서 말이야.

5.3 결정성 고체와 비결정성 고체

어떤 액체를 냉각시키면 고체가 만들어지지. 액체 상태의 입자가 고체 상태로 변화하려면 자신들의 무질서한 배열을 벗어나 조직적이고 일정한 형태로 재배열되어야 해.

예를 들어 엄마가 네 방에 어지럽게 쌓인 CD들을 정리시킬 때를 떠올려 봐. 시간이 충분하다면 아마 오디오 위 책장에 깔끔하게 정리할 수 있을 거야. 샤키라 앞에 리한나 그리고 마룬5 위에 이매진 드래곤스 순으로 말이야. 완벽하네. 네가 정말 자랑스럽다!

하지만 뮤즈의 새로운 앨범에 심취하여 정리할 시간이 5분밖에 남지 않았다면 CD를 몽땅 박스에 넣어 옷장 안에 숨겨버리겠지.

이와 같이 액체를 천천히 식힌다면 입자들이 질서 있게 배열될 시간이 충분해. 그러므로 원자들은 서로 간격을 유지하면서 최대한 많은 수의 결합을 만들어내겠지. 그럴 경우 일정한 배열이 특징인 단단한 구조의 결정이 탄생할 거야. 여기서 입자들은 뚜렷한 입체 구조물의 꼭짓점에 자리할 거고.

결정성 고체는 각 물질마다 특징적인 다면체, 즉 평면으로 둘러싸인 입체 도형을 만들어내. 그리고 결정성 고체의 정확한 모양은 공간 속 입자들의 배열에 따라, 즉 결정격자에 따라 달라져.

화학 교과서를 펼치면 염화 나트륨에 대한 예시가 분명 나올 거야. 염화 나트륨은 나트륨 이온과 염화 이온들이 번갈아가며 정육면체를 만들어내지. 내 말이 맞지? 이런, 고모님의 다이아몬드를 걸었어야 했는데….

화학언어로 알려줄게

결정격자의 요소는 다음과 같다.

- 격자점: 결정성 고체의 원자들이 위치한 자리
- 격자: 정해진 간격으로 맞춰진 격자점
- 단위격자: 결정성 고체의 가장 기본 단위

반면 액체가 급하게 냉각되면 입자들은 일정한 구조를 만들어낼 시간이 없어. 어쨌든 액체는 굳지만 결정격자를 조직하지 못하고 비결정성 고체가 나오게 되는데, 여기에는 입자들이 일정한 구조로 배열되어 있지 않지. 네 옷장 속 CD 박스 내부처럼 말이야.

유리와 석영은 모두 산소 원자에 결합된 규소 원자로 구성되어 있어. 그러나 석영은 결정성 고체인 반면, 유리는 비결정성 고체야.

아래 그림을 자세히 관찰한 후 둘 중에 어느 것이 유리인지 알아맞혀 봐. 용기를 내라고! 정답을 맞힐 확률은 50퍼센트나 되니까!

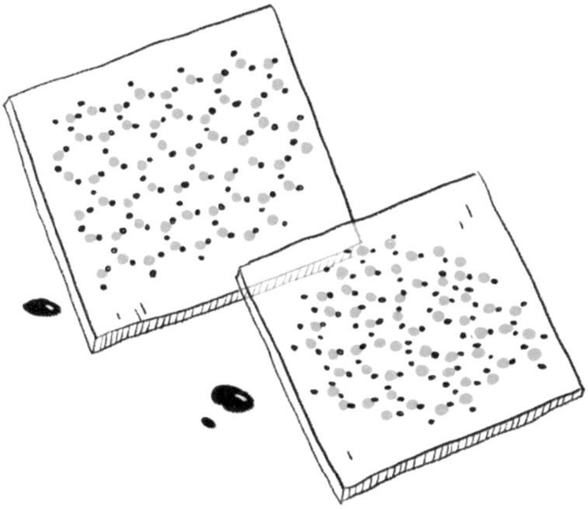

그래, 오른쪽이 유리야. 유리 입자들은 액체 상태일 때처럼 거의 아무렇게나 놓여 있어. 이들은 있던 원래 위치에 갇혀 버려서 서로 더 이상 교류할 수 없는 거야. 병진운동이 끝난 거지. 전에 배웠는데 기억하지?

비결정성 고체의 원자 간격이 가까울수록 입자 간 인력은 더 커져. 유리를 가열하면 서로 멀리 있는 원자들 간의 약한 결합이 먼저 끊어지고 고체는 유연해지기 시작해. 그리고 계속해서 열을 가하면 모든 결합이 끊어지고 유리는 녹아 버려.

달리 말해 석영은 특정 온도에서 액체가 되는 반면, 유리는 녹기 전에 늘어져서 반유동체가 되므로 모양을 만들 수 있는 거지. 엄마가 수집하시는 무라노 유리 장식품을 떠올려 봐. 바로 이 유연해지는 과정을 통해 만들어지는 것들이야!

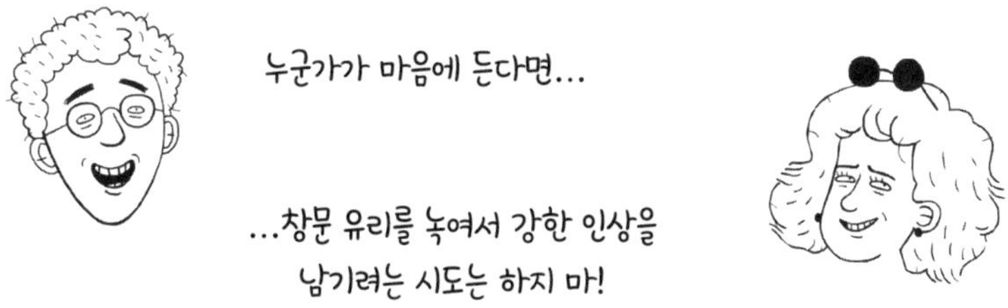

6장 쇼핑몰로 알아보는 물질의 상태 변화

I ♥ ZEN

주의: 이번 장에서 너는 굉장한 지구력을 입증해야 할 거야. 액체가 되는 기체와 고체로 변하는 액체, 그리고 심지어 바로 고체가 되는 기체를 잠깐 동안도 졸지 않고 모두 관찰해야 하거든. 녹초가 되기엔 아직 일러! 너는 그 반대 현상에도 집중해야 하니까. 이러한 각각의 변화를 상태 변화라고 불러. 만약 졸지 않고 이 변화들을 모두 관찰하는 데 성공한다면 모두가 갈망하는 그 이름, '화학의 거장, 젠'이라 스스로 직함을 붙여도 좋아.

첫 번째 기쁜 소식은 액체-기체 상태 변화는 이미 살펴봤다는 점이야. 그 반대 현상도 마찬가지이고. 지금 우리가 끓음과 액화에 대해 이야기하고 있다는 거, 설마 잊어버린 건 아니겠지? 그래, 아닐 거야.

그러니까 이제 4개의 상태 변화'만' 남았어. 2개 먼저 바로 살펴보도록 하자!

6.1 융해와 응고

두 번째 기쁜 소식은 고체가 액체로 변하는 융해 과정은 끓음 과정과 같다는 거야. 앞서 소개한 버스 비유에서 네가 차에서 내려야만 하는 액체라는 설정을 떠올려 봐.

고체의 온도를 높이기 위해서는 에너지를 가해야 하고, 그 결과 입자들의 진동이 강해져. 계속해서 온도를 높이다 보면 입자들의 에너지가 커져서 입자 간의 결합을 끊어버리는 온도에 이르게 되고, 분자들이 마구 이동하면서 고체는 특유의 형태를 잃고 액체가 되지. 이 시점에서 우리는 고체가 녹는다고 말하고 이 현상을 '융해'라고 불러.

반면 우리가 액체를 냉각시키면 그 입자들의 에너지가 감소하여 마침내 비결정성 고체 혹은 결정성 고체가 만들어져. 이건 앞서 고체를 다루던 장에서 이미 살펴본 내용이야. 이제 내가 액체를 고체로 변화시키는 과정을 응고라고 해도 예전만큼 외계어로 들리진 않지?

그래, 나도 인정해. 화학이 미치도록 지루할 때가 있다면 다 고체 녀석들이 꿈쩍도 하지 않고 드러누워 있기 때문이야.

상황을 수습하는 차원에서 끓는점을 다룰 때 등장했던 가상의 버스로 다시 돌아가 볼게. 이제부터 노련한 포트나이트 게이머처럼 늘 차고 다니는 4연장 발사기로 버스 의자를 가열하며 너의 무기 성능을 한번 보여줘 봐. 머지않아 의자가 녹아 액체가 되어 네가 탈출하는 길을 찾을 때까지 네 뒤를 해맑게 따라다니는 것을 발견하게 될 거야.

계속 집중해야 해. 옆에 있는 사람들의 불타는 엉덩이에 정신 팔리지 말고. 지금이 실험에서 가장 결정적인 단계이니까. 플라스틱으로 된 승객들의 의자가 철로 된 버스기사의 의자보다 먼저 녹는 거 혹시 눈치 챘어? 기사님들의 좌석이 현실에서도 철로 만든 건 아니길! 단지 아래 개념을 설명하기 위해 필요한 거니까.

화학언어로 알려줄게

물질마다 고유의 녹는점과 어는점이 있다.

만약 고체의 입자들이 운전기사의 철제 의자처럼 강하게 결합되어 있다면 그 결합을 끊는 데 꽤 많은 에너지가 필요할 테고 녹는점이 높을 거야. 승객들의 플라스틱 의자처럼 낮은 녹는점은 입자들의 결합이 더 약하다는 점을 가리키지.

물질마다 고유의 녹는점이 있다 보니 만약 집 앞 공원을 산책하다 신비로운 어떤 물질을 발견한다면 몇 도에서 녹는지만 측정해도 어떤 물질인지 대략 짐작할 수 있어. 정말이라니까? CSI 마이애미 편 주인공들이 하듯이 말이야!

예를 들어 생수는 0℃에서 얼어(반대로 본다면 얼음은 녹고). 그러니까 미지의 액체를 냉각시켰을 때 0℃에서 바로 언다면 당연히 그건 물이겠지. 좀 더 멋진 실험을 하나 해 볼까? 냉동실을 열고 안에 온도계를 넣는 거야. 어머니께는 얼린 시금치가 열이 나는지 확인하는 게 아니라 중요한 과학 실험 중이라고 말씀드리고.

이제 주의해야 해. 집에 있는 냉동고가 -39℃까지 냉각시킬 수 있다면 온도계에 들어 있는 수은도 굳고 말 거야! 하지만 이런 일이 일어나지 않더라도 너무 열 내지는 마. 가정용 냉동고는 보통 -20℃까지도 내려가지 않으니까. 사실 우리 같은 평범한 인간들에게는 월드콘이 녹는점 이하로만 내려가도 충분하잖아.

반면 CSI의 냉동고는 분명 이산화 탄소마저 고체로 변하는 -80℃까지 내려갈 거야. 이럴 때야말로 "쏘쿨하다!" 하고 외쳐줘야지.

6.2 비열용량

물질의 상태 변화를 공부하는 이번 장에서는 무언가를 가열했다가 식히기만을 반복할 거라는 사실을 네가 이미 눈치 챈 것 같군. 그럼 개념 정의로 시작하자.

화학언어로 알려줄게

어떤 물질 1그램의 온도를 1도 높이기 위해 필요한 열량을 그 물질의 비열용량이라고 한다.

멋지지? 이 말은 서로 다른 2개의 물질을 같은 화덕 위에 가열하면, 즉 동일한 열에너지를 제공하면 이들이 이르는 온도는 다를 거라는 뜻이야.

작년 여름, 철로 만든 미끄럼틀을 타다가 엉덩이에 화상 입었던 거 기억나? 어찌나 뜨겁던지 1,000도 정도는 되는 것 같았지? 그래도 공기가 그 정도로 뜨겁지는 않았을 거야. 실제로 공기의 비열용량은 금속들보다 몇 배나 크거든. 다시 말하면 참기 힘든 온도에 도달하기까지 금속은 훨씬 적은 열량이 필요하다는 것이지.

자신의 온도를 높이기 위해 가장 열을 많이 필요로 하는 천연 물질은 바로 물이야. 물은 큰 온도 변화 없이 열을 흡수하고 또 방출할 수 있어. 이러한 물의 높은 비열용량은 바다와 인접한 곳들이 여름이든 겨울이든 기후가 온화한 이

유를 설명해 주지. 바닷물은 태양의 열기와 시베리아의 추위를 흡수하여 자신의 온도를 약간 높이거나 낮추지만 대기의 온도는 열기나 추위를 흡수하면 크게 변해.

이제 역사 이야기를 좀 해 볼게. 원시인이나 아시리아, 바빌론 사람들 이야기도 아니고 화학 이야기이니 걱정할 건 없어!

네가 태어나기 전, 열량은 칼로리로 측정했어. 이는 앞서 말했듯이 물 1그램을 1도 올리는 데 필요한 열량이지. 그러므로 물의 비열용량은 섭씨그램당 칼

로리, 즉 1 cal/(g·℃)야.

하지만 이미 여러 번 언급했듯이 과학자들은 간단한 것도 복잡하게 만드는 귀재이다 보니 칼로리를 줄(joule)로 표기하기로 결정해. 그 결과, 물의 비열용량은 4.18 J/(g·℃)가 됐지. 만세!

보일러를 설치하는 사람들이나 영양학자들만 줄 대신 칼로리 사용을 고집해. 하지만 언젠가는 하이포줄(hypojoule) 식단을 제안할 사람이 분명 나타날지도 몰라.

6.3 잠열

이번 장을 재미있는 이야기로 시작해 볼게. 단단한 물체를 가져다 데워 보는 거야.

간단한 얼음 조각으로 시작해 보자. 냉동실에 있는 각얼음을 탈탈 털어보자고. 그래, 아빠가 모히토를 만들 때 넣는 바로 그 얼음! 커다란 냄비에 얼음을 담고 같이 온도계를 넣어 봐. 이제 속으로 참을 인자를 새기며 시간이 지남에 따른 온도 변화를 측정해 보는 거야.

물론 냄비 안에 있는 각얼음은 비교적 빠르게 녹기 시작할 거야. 그런데 진짜 대단한 과학적 발견은 지금부터니까 집중하도록. 너희 집 온도는 적어도 18℃ 정도 될 테지만 냄비 안의 온도계는 0℃에 멈춰 있어. 꿈쩍도 하지 않아. 온도계가 고장 난 게 아니야. 얼음의 온도가 그대로 유지되는 거지. 선생님께서는 이것을 '열 축적'이라 부르실 거야.

마지막 남은 각얼음이 녹은 후에야 물의 온도는 비로소 다시 오르기 시작하여 실내 온도와 같아져. 솔직히 빠르게 진행되는 과정은 아니니 하품을 해 대느라 턱 빠지는 게 싫다면 중간에 간식을 먹고 올 것을 추천할게. 아니면 산책도 좋고. 물이 주방 온도와 같아지면 더 이상 변하지 않을 테니까. 이제 가스레인지 위에 냄비를 올려 가열을 시작해 봐. 물의 온도는 계속해서 재고 있지? 40, 50, 70, 90, 100℃. 물이 끓기 시작할 거야. 그리고 이건 아마 예상했겠지. 그런데 이제 무슨 일이 일어날까? 110℃? 105℃? 아니야. 온도는 100℃로 유지돼. 뜨거운 물이 튀지 않도록 조심하면서 불을 좀 세게 조절해 봐. 무슨

브로콜리
새로운
향수
현상 수배범
$2,000,000

짓을 해도 물의 온도는 100℃에서 꿈쩍도 하지 않을 거야. 혹시나 해서 하는 말인데, 화염방사기를 사용해 보려는 시도는 아무 쓸모가 없다는 점은 꼭 알아 둬. 물이 전부 수증기로 변해버릴 때까지 온도는 100℃ 이상으로 절대 올라가지 않을 테니까. 자, 이제 드디어 공식적으로 두 번째 열 축적을 만난 거야.

하지만 아직 끝나지 않았어. 너희 집 부엌문과 창문이 우리 집처럼 밀폐되어 있다면 수증기는 더 이상 밖으로 나갈 수 없어서 주방을 완전히 침범하고 말 거야.

물이 냄비에서 완전히 증발한 지금, 불 위에는 빈 냄비만 올려진 채 넌 수증기 구름 속에 흠뻑 잠겨 있겠지. 이제 기체가 된 물의 온도는 상승하기 시작해. 110, 120, 150℃… 완벽해. 불을 끄고 부엌에서 나올 시간이야. 불에 타면 책을 끝까지 읽지 못할 테니까!

이제 같이 한번 생각해 보자고. 도대체 왜 얼음이 녹는 동안에, 그리고 물이 끓는 동안에 온도는 올라가지 않았지? 혹시 열을 속이고 숨기는 무언가가 있었던 거 아닐까?

바로 그거야! 가스레인지가 제공하던 열은 단지 물 분자의 에너지를 증가시키는 데 사용되었을 뿐이야! 그 결과 분자들을 하나로 연결했던 결합을 끊고 고체 상태에서 액체 상태로 그리고 이어서 액체에서 기체로 넘어간 거지.

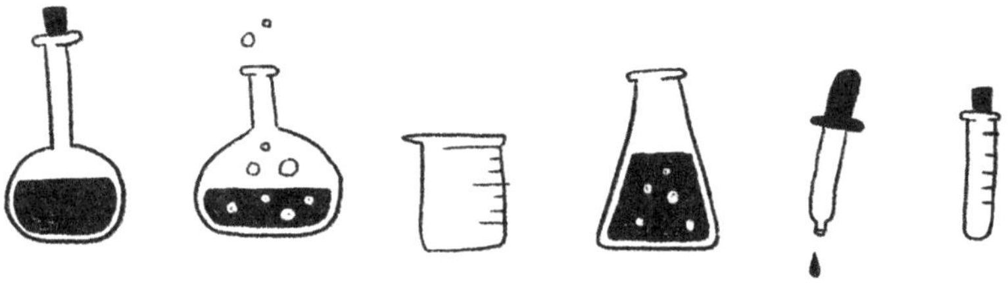

화학언어로 알려줄게!

> 녹는점에서 고체 1그램을 녹이기 위해 필요로 하는 열에너지를 **융해열**이라 부르며, 끓는점에서 액체 1그램을 기체 상태로 변화시키는 데 필요한 열량을 **기화열**이라 한다.

'숨은열'이라 부르는 편이 인간적인 관점에서 좀 더 친절했겠지만 잔인한 과학자들은 한자로 '잠길 잠' 자를 써서 잠열이라 부르기로 했어. 당부하는데 잔열이 아닌 잠열이라고! 이걸 잘못 써서 화학 40점 맞은 첫 주인공이 되고 싶진 않겠지?

6.4 가열곡선

펜과 종이 그리고 자를 준비해서 앞서 진행한 실험을 근사한 그림으로 옮겨 보자. 먼저 직각좌표계의 수직축에 온도 T를 적고 수평축에는 시간 t를 적는 거야. 그래그래, 직각좌표계가 잘 기억나지 않는다는 거 다 알아. 조금 있으면 다 이해가 될 테니까 너무 걱정하지 마!

모히토가 맛있으려면 제법 차가워야 하니까 영하에서 시작하도록 하자. 0℃까지 가서 멈추는 거야. 시간이 지나도 아무 일도 일어나지 않아. 가로로 직선이겠지. 냄비에 있는 얼음이 다 녹으면 다시 시작, 쭉쭉 올라가서 100℃까지

이를 거야. 센스 있게 그 전에 가스 불을 켜놨으니까. 100℃에서 멈추고 물이 전부 증발할 때까지 기다리는 거야. 그리고 이제 온도가 다시 올라가기 시작해. 수증기가 110, 150, 200℃에서 끓는 거지! 당장 부엌에서 철수해야 해!

이제 곡선을 자세히 한번 들여다봐. 쇼핑몰에 들어와 있는 것 같지 않아? 물론 이상한 구석이 많은 쇼핑몰이지. 온도 조절기도 고장 났고 각 상점들의 층 높이와 에스컬레이터의 길이가 너의 비열용량과 융해열, 기화열에 따라 달라

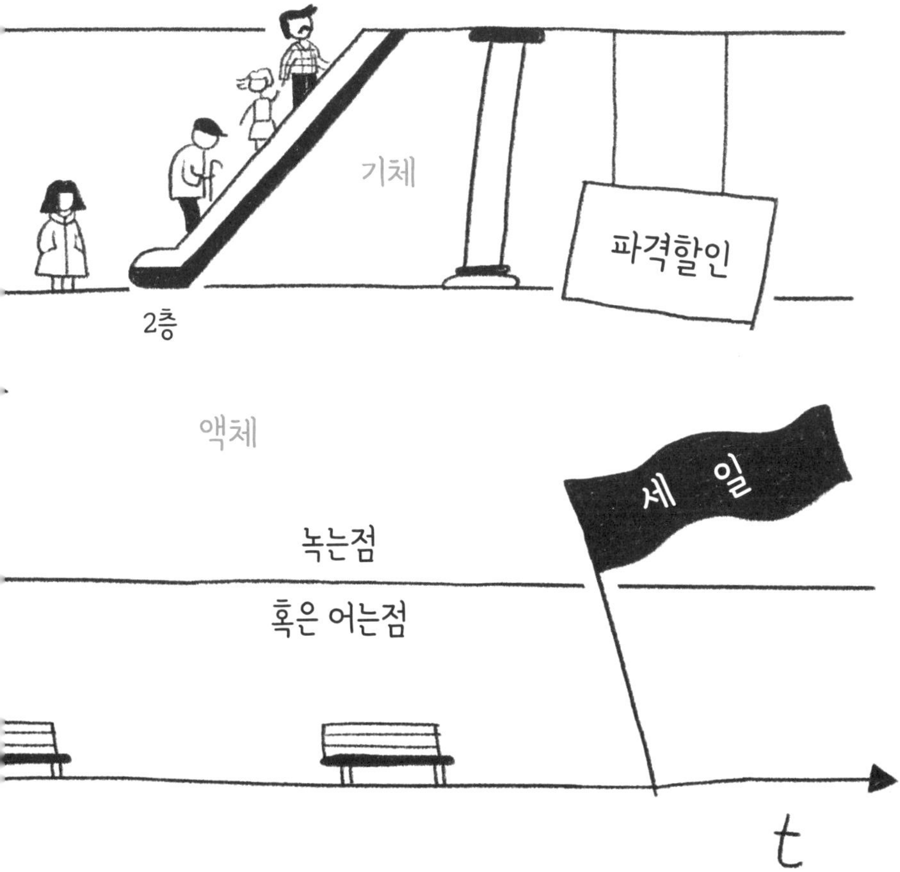

지는 쇼핑몰 말이야.

그런 놀란 눈으로 나를 쳐다보지 마! 얼른 스쿠터를 주차하고 같이 한 바퀴 구경하러 가자고!

이제 쇼핑몰에 들어가는 장면을 상상해 보는 거야. 스쿠터 열쇠를 잠그고 지하 주차장에서 고체 형태로 올라오겠지. 녹는점을 유지하면서 1층에 들러 가게들을 한 바퀴 둘러볼 거야. 그리고 완전히 녹자마자 발랄한 액체처럼 에스컬레이터를 이용하여 2층, 즉 끓는점까지 올라갈 테고. 수증기를 좀 뿜어대며 여유롭게 돌아다니되 너무 눈에 띄지 않게 조심해. 액체가 전부 기화하면 기체의 모습으로 더 높이 올라갈 거야.

땡땡! 쇼핑몰이 닫을 시간이야. 말 잘 듣는 기체답게 에스컬레이터를 통해 열을 잃으며 2층의 액체 상태로 돌아가. 액화점에 머무르다가 완전한 액체가 되면 1층의 어는점까지 미끄러져 내려올 수 있을 거야. 단단한 고체 상태로 돌아오면 용감하게 주차장으로 직행하겠지. 제발 기체층에 스쿠터 열쇠를 두고 왔다고 말하지 마!

6.5 승화

장뇌와 나프탈렌 알지? 그래, 할머니께서 옷 사이에 넣어두셔서 좀벌레와 3반의 예쁜 그 아이를 멀리 쫓아버리는, 무지막지한 냄새를 풍기는 그 좀약 말이야. 이 장뇌와 나프탈렌은 열을 가하면 바로 기체가 되는 고체 물질이야. 마치 우리의 쇼핑몰에서 에스컬레이터를 타지 않고 엘리베이터를 타는 격이지.

화학언어로 알려줄게

고체 상태에서 기체 상태로 곧바로 변화하는 것을 **승화**라고 한다. 그 반대의 변화도 **승화**이다.

오늘부터 서리로 뒤덮인 들판을 보면 좀 아는 척하면서 수증기가 밤새 곧바로 얼음으로 변신했다고 자랑스럽게 설명해도 좋아. 물이 되지 않고 엘리베이터를 탄 거지.

고체는 주변 기압과 증기압이 같아질 때 승화해. 따라서 주변 기압을 낮추는 것은 고체를 승화시키는 재밌는 방법이야.

기압을 많이 낮추면 얼음도 승화해. 어릴 적 먹으라고 주셨던 그 끔찍한 동결건조 식품과 즉석국을 바로 이런 식으로 만들어. 물에 무언가를 녹여서 얼린 후 마법 같은 '가스흡입기'로 압력을 낮춰. 이렇게 하면 얼음이 승화하여 물에 녹아 있던 물질만 푹신한 가루 형태로 남게 돼. 게다가 이 가루는 물이 다 빠져나갔기 때문에 더 오랫동안 보관할 수 있어.

불가능해 보였지만 이것으로 상태 변화에 대한 공부도 마쳤어. 가서 '화학의 거장, 젠' 자격증을 인쇄하여 책상 앞 잘 보이는 곳에 걸어두도록! 넌 그럴 만한 자격이 충분하니까.

7장 화학 용액

벤젠

이제 책의 정말 마지막 장, 화학 용액에까지 이르렀어!

7.1 균일 혼합물과 불균일 혼합물

감귤즙 20방울, 루바브 푸딩 1/4 조각 그리고 약간의 살구즙. 이건 사랑의 묘약을 만드는 비법이 아니라 우리 엄마가 간식으로 챙겨주시던 셰이크 재료들이야. 혹여나 만들어 먹을 생각은 하지 마. 정말 맛없으니까.

하지만 이번 장에서 우리가 할 일이 바로 이거야. 물체를 섞는 거! 그럼 바로 시작해 보자.

화학언어로 알려줄게

불균일 혼합물은 서로 **'상(phase: 물질의 상태, 예: 기체, 액체, 고체)'**이 다른 2개 혹은 그 이상의 물질로 구성된다. 각 성분들이 고르게 섞이지 않아 부분마다 다른 성질을 갖는다.

반면

화학언어로 알려줄게

균일 혼합물은 모든 부분에서 동일한 화학적 그리고 물리적 성질을 갖는 균일하게 혼합되어 있는 물질이다. 균일 혼합물의 구성 성분은 육안이나 렌즈로 식별할 수 없다.

좀 더 알아듣기 쉬운 말로 해석해 볼까?

1) 두 가지 물질을 섞은 후 잠시 기다려 보자.

2a) 고모의 현미경으로도 내가 섞은 두 가지 물질을 더 이상 구별할 수 없다면, 나는 방금 모든 부분이 같은 균일 혼합물을 만든 거야.

2b) 반면 물질이 서로 다른 층, 아니 다른 '상'으로 나뉘어서 구별할 수 있다면, 방금 불균일 혼합물을 만들어낸 거야.

3) 사실 3번은 없어, 장난이지롱!

미심쩍은 표정이군. 그렇다면 예시가 도움이 될 수도 있겠어. 고체, 액체 그리고 기체들이 다른 고체와 액체, 기체들과 만나면 결국 서로 사랑에 빠져 끌어안거나 증오하며 가까이 있는 것조차 거부하는 그런 예시 말이야.

두 가지 물질이 섞였을 때 어떤 혼합물이 만들어질지 미리 알 수 있는 경우는 드물어. 살면서 누군가와 사랑에 빠져본 적 있지? 누군가가 처음 본 순간부터 이유 없이 싫었던 적도 있지 않아? 그래, 그렇다면 혼합물이 예상했던 것보다 쉽게 느껴질 거야!

그럼 단어를 분석하는 것으로 시작해 볼까? 영어로 균일 혼합물은 homogeneous mixture, 불균일 혼합물은 heterogeneous mixture라고 해. homo는 '같은', hetero는 '여러 다른 종류들로 이뤄진'이란 뜻이지.

두 단어에 들어간 gen이란 어원은 그리스어로 '기원', '종류'라는 뜻이야. genealogy(계보)라는 단어의 어원이기도 하지. 어쨌든 여기서는 종류가 같은 혹은 다른 물질 간의 혼합을 다룰 거야.

이어서 연속으로 소개할 예시들에 네가 겁먹을 수도 있을 거라는 점 잘 알고 있어. 하지만 끝까지 공부하면 시험에서 70점 이상은 충분히 받을 수 있을 거야. 우리 내기할까?

혼합물의 여러 가지 유형

고체 + 고체

균일 혼합물　유황, 초석 그리고 목탄을 섞은 균일 혼합물로는 화약이 있어. 아니면 청동이나 강철, 혹은 세례식 때 받는 금목걸이와 같은 금속 합금 등이 있지.

불균일 혼합물　대리석, 청소기 먼지봉투 속 물질, 이탈리아 음식인 라자냐 등이 있지. 이런 종류의 혼합물은 보통 화학 실험실에 발을 들여 본 적 없는 사람도 모두가 이해하더라고.

혼합물의 여러 가지 유형

고체 + 기체

균일 혼합물 매우 보기 드물어. 백금에 녹는 수소밖에 없어.

불균일 혼합물 연기, 스모그가 있어.

혼합물의 여러 가지 유형

고체 + 액체

균일 혼합물 설탕물, 바닷물, 기침 날 때 먹는 물약이 있지.

불균일 혼합물 아이스크림, 선크림, 주스, 치약이 있어. 식탁에서 서로 헷갈리지 않도록 조심해!

혼합물의 여러 가지 유형

액체 + 액체

균일 혼합물 보드카와 알코올 함유율이 높은 모든 술, 휘발유와 모든 액체 연료가 해당되지.

불균일 혼합물 우유, 페인트, 마요네즈. 이쪽 상황은 좀 더 복잡해서 분리된 두 액체의 물방울을 식별하려면 고모의 현미경이 필요해. 내가 장담하는데, 여기서 액체 방울들은 서로 무시하면서 분리된 2개의 상으로 남아 있을 거야.

혼합물의 여러 가지 유형

액체 + 기체

균일 혼합물 모든 종류의 탄산수. 단, 그 안에 녹아 있는 무기질은 미미한 양이므로 무시하기로 하고.

불균일 혼합물 카푸치노 위의 우유거품, 휘핑크림, 구름, 안개가 있지.

혼합물의 여러 가지 유형

기체 + 기체

균일 혼합물 공기 혹은 서로 알아갈 시간만 충분히 준다면 서로 친밀하게 섞일 기체 혼합물.

불균일 혼합물 이런 건 존재하지 않아. 만세!!

혼합물의 여러 가지 유형

기체 + 고체 + 액체

균일 혼합물 청량음료, 토닉워터, 오렌지주스 그리고 머릿속에 떠오르는 모든 탄산음료와 색색 음료.

불균일 혼합물 혈액이 대표적인 예야. 단순한 붉은색 물질 같아 보이지만 그 속에는 검사결과지에서 확인할 수 있듯이 고체 상태의 염분+액체 상태의 물+기체 상태의 산소(O_2)와 이산화 탄소(CO_2)+지방, 당류, 단백질 외에 다양한 모양과 색깔의 미립자들이 녹아 있어.

모든 예시들을 다 읽어봤다고? 아주 잘했어!

그에 대한 보답으로 내가 고백할 게 있어. 사실 내가 속임수를 좀 썼거든! 여기서 언급한 혼합물 중에 몇 가지는 사실 콜로이드와 현탁액이야. 이게 뭐냐 하면 균일 혼합물과 불균일 혼합물의 중간 정도 되는 물질로, 이를 구성하는 입자들의 크기와 고체, 액체, 기체인지(혹은 였는지)에 따라 '젤(겔)' 혹은 '에어로졸'이란 다양한 이름을 가져.

기쁜 소식은 선생님들도 이 콜로이드들을 별로 신경 쓰지 않는다는 사실이야. 아마 그분들도 이름을 다 외우지 못하셨기 때문이겠지. 어쨌든 확실한 건 이 책에서 콜로이드 목록은 찾아볼 수 없을 거란 점이야. 내가 쓴 책이기 때문에 내 마음대로 할 거거든!

그래도 불균일 혼합물은 이제 잘 이해됐지? 좋아. 그럼 이젠 잊어버려도 상관없어. 어차피 이제 눈길도 주지 않을 테니까. 남은 페이지에서는 균일 혼합물만 광범위하게 분석할 거야.

균일 혼합물은 항상 오직 자신의 별명, 즉 화학 용액으로만 불린다는 이야기로 시작해 볼게. 가족들이 할머니를 모두 '여수 할머니'라 부르는 것과 비슷해. 할머니 성함이 김꽃님이라는 사실과는 별개로 말이야.

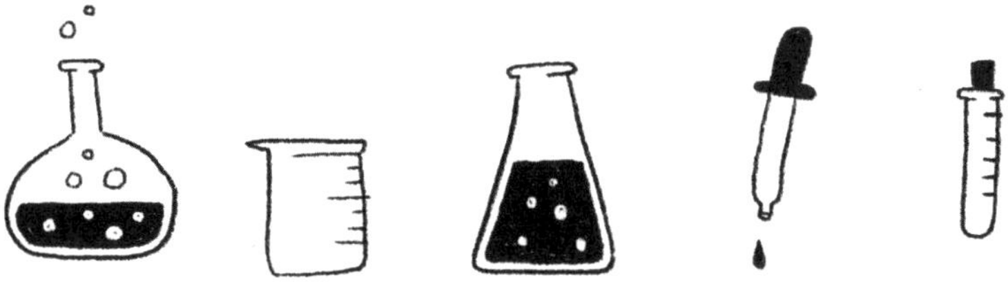

7.2 용액의 종류

화학언어로 알려줄게

화학 용액을 구성하는 물질은 단일 분자 수준으로 서로 깊이 섞여 있다.

혹시 기억나? 아직 '균일 혼합물'이라 부를 때 수많은 예시를 살펴봤잖아. 정리하는 차원에서 예시 3개를 더 보여줄게.

기체 + 기체 예를 들면 태양은 5,500℃의 수소와 헬륨으로만 구성되어 있어.

액체 + 액체 할아버지의 와인처럼 알코올과 물이 들어 있지.

고체 + 고체 치과 의사선생님이 충치를 때울 때 사용하는 아말감을 예로 들 수 있어. '수은과 다른 금속 1개 혹은 그 이상이 들어간 합금'을 가리킬 때 줄여서 '아말감'이라고 해.

쉽게 말하면 우리가 하루 동안 만나는 모든 것들이 사실은 불균일 혼합물이거나 화학 용액이야. 순수한 물질은 주변에서 찾아보기 정말 힘들어. 다리미용 증류수에도, 부자 대고모님의 금괴 속에도, 할아버지의 산소통에도 불순물,

염분, 수분 혹은 용해된 기체가 항상 들어 있을 거야. 실제로 보통 사람들은 2개 혹은 그 이상의 물질로 구성된 혼합물만 만나게 되지. 순수한 물질은 우리 화학자들만 만날 수 있다고….

7.3 엔트로피와 용액

왜 두 화합물을 함께 섞으면 용액이 탄생하는 걸까? 그냥 각자 제자리에 서로 떨어져 있으면 안 되는 건가? 대답은 간단해. 불가능하지.

이제 그 이유를 설명해 줄게. 할아버지께서 틀니를 보관하시는 컵에 잉크를 한 방울 떨어트리면, 어디선가 날아오는 슬리퍼는 피해야겠지만 잉크가 얌전하고 착하게 제자리에 있지 않고 틀니를 포함한 물 전체를 생생한 푸른빛으로 순식간에 물들이는 것을 확인하게 될 거야. 잉크 분자들은 어디든 뒤죽박죽 흩어지면서 용액을 만들어. 그리고 안타깝지만 할아버지의 틀니는 십억 년을 기다려도 원상태로 돌아오지 않을 거야.

이처럼 대단히 복잡한 실험들 덕분에 과학자들은 다음과 같은 사실을 증명해냈어.

화학언어로 알려줄게

자연에서 모든 것은 최대 무질서도에 도달하기 위해 자발적으로 변화한다.

아예 무질서를 측정하기 위한 용어를 일부러 만들었고 엔트로피(entropy)라는 이름을 붙였지. 그리고 이를 간단하게 S라는 기호로 나타내.

화학언어로 알려줄게

계(system)의 무질서 정도를 엔트로피라고 부른다.

그러므로 서로 다른 두 화합물이 섞여 용액을 형성하고 계의 무질서와 엔트로피를 증가시켜.

내 방이 엉망진창인 이유가 복잡하고 불가피한 자연의 섭리에 따라 자꾸만 증가해야 하는 엔트로피 S 때문이라는 핑계를 댔던 때가 어제 일처럼 생생하군. 하지만 내 경우에는 어머니가 3초도 속아주지 않으셨지.

아직도 '결정성 고체'에 관한 본문에서 옷장에 숨겨둔 CD나 기체에 관한 장의 엘리베이터 안 방귀와 씨름하고 있다면 제발 내 말을 들어. S 카드의 힘을 한번 빌어 봐. '자발적으로 변화한다'는 단어에 힘을 주면서 말이야. 행운을 빌게!

#@$*!!
OH YEAH!
어머니, 엔트로피예요,
엔트로피!

7.4 용매와 용질

제비꽃 와인은 아주 훌륭한 용액의 예시야. 각 잔에 담긴 와인은 냄새, 색깔, 맛과 같은 화학적-물리적 성질을 갖는다는 점을 기억해둬. 좋아, 이제 와인병을 손에서 내려놓을 때가 왔어. 안 그러면 망한 예시가 되고 말 거라고!

물, 에틸알코올, 무기질, 착색제 그리고 수만 가지 향료 등 와인을 구성하는 다양한 물질은 와인 안에 일정한 방식으로 서로 섞여 있어. '조화롭게' 섞여 있다고 해야겠네. 이 모든 것이 엔트로피 덕분이지!

안타깝게도 아래의 화학 개념들은 잘 외워둬야 해.

1) 용액에서 양이 많은 성분을 '용매'(와인의 경우 용매는 물이야)라고 하며, 양이 적은 성분(혹은 성분들)을 '용질'이라고 불러. 즉 알코올부터 향료까지 앞에서 말한 다른 모든 물질들이지.

2) 용매에 녹아들 수 있는 용질의 최대량을 '용해도'라고 해.

3) 어떤 물질이 용매에 쉽게 녹아들어 섞이는 현상을 '용해'라고 해. 전혀 녹지 않으면 불용성이라 말하지.

앞에서 말한 모든 걸 방금 새로 배운 어려운 단어로 정리해 보면

화학언어로 알려줄게!

용매-용매 입자 간 인력과 용질-용질 입자 간 인력을 이기고 용매-용질 입자 간 결합이 형성될 때 용질이 용매에 용해될 수 있다.

새로운 단어가 등장할 예정이니 조심해! 용질과 용매 입자들 간의 새로운 결합 형성을 '용해'라고 해. 미안하지만 어떤 선생님들은 정말 꼭 확인해 보시니까 말해 주는 거야.

일반적으로는 항상 용매가 물인 수용액을 생각하지. 하지만 알코올, 트리클로로에틸렌 혹은 아세톤처럼 유기용매라고 부르는 수많은 다른 용매도 있어. 종종 립스틱 자국이나 엔진오일 얼룩, 잉크 자국과 같이 물로 지워지지 않는 얼룩이 유기용매로 지워질 때가 있지. 엄마나 아빠에게 물어보면 아실 거야. 그러나 혹시라도 새로 산 셔츠 위에 매니큐어가 떨어졌다면 지워보겠다고 제발 휘발유에 담그지는 마.

7.5 농도

이제 농도에 대해 알아볼 차례야.

화학언어로 알려줄게

어떤 용액의 농도는 용액 속에 들어 있는 용매와 용질의 양을 나타낸다.

쉽게 말해 안에 뭐가 얼마나 들어 있는지를 알려주는 거야.

그럼 지금부터 화학자들이 용액의 농도를 나타내는 5가지 중요한 방법을 소개하도록 할게.

일단 분위기를 좀 바꿔보기 위해 늘 등장하던 물과 소금 대신 용매로 '픽미'를, 용질로 '링딩동'을 사용하도록 하자. 약간의 링딩동을 픽미 한 컵에 녹여 보는 거야.

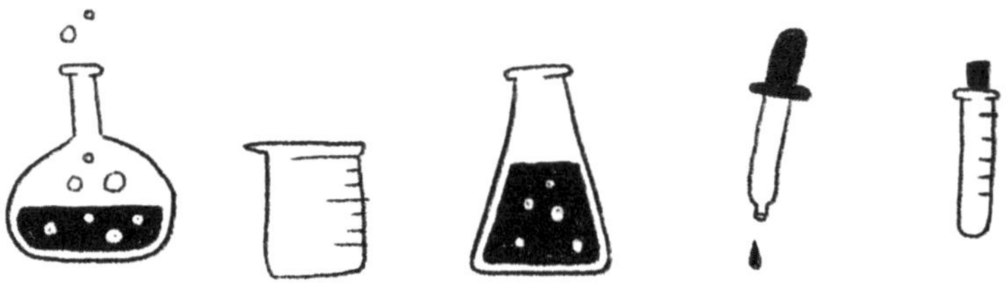

농도를 나타내는 5가지 방법

w/w 퍼센트 농도(% w/w)

질량 백분율

용액 100 g에 용질이 몇 g 녹아 있는지를 나타내.

5% w/w 링딩동을 포함하고 있는 픽미 용액은 전체 용액 100 g에 용해된 링딩동 5 g으로 구성되어 있어. 그러므로 링딩동 용질 5 g과 픽미 용매 95(= 100-5) g으로 구성되어 있다는 의미지.

보통 용매와 용질이 모두 고체일 때 농도를 이런 방식으로 표기해.

농도를 나타내는 5가지 방법

w/v 퍼센트 농도(% w/v)

질량 대 부피 백분율

링딩동 5% w/v의 픽미 용액은 총량 100 ml 용액에 링딩동 5 g이 녹아 있다는 뜻이야.

이 같은 표기법은 용매가 액체이고 용질이 고체일 때 사용해. 네가 사용하는 파란 펜의 잉크처럼 말이야.

농도를 나타내는 5가지 방법

v/v 퍼센트 농도(% v/v)

부피 백분율

용액 100 ml에 용질 몇 ml가 녹아 있는지를 나타내.

링딩동 5% v/v의 픽미 용액은 총량 100 ml에 5 ml의 링딩동이 포함되어 있어. 다시 말해 링딩동 5 ml와 픽미 95 ml로 구성되어 있다는 뜻이지. 이건 네가 이미 알고 있겠지만, 용매와 용질이 모두 액체일 때 사용해. 예를 들어 위스키의 알코올 도수가 40 %v/v이면 위스키 100 ml 속에 에틸알코올 40 ml가 들어 있다는 뜻이야.

농도를 나타내는 5가지 방법

ppm 농도(ppm)

용액 1 kg에 용질 몇 mg이 녹아 있는지를 나타내.

링딩동 5 ppm의 픽미 용액은 전체 용액 1 kg에 링딩동 5 mg이 녹아 있어. 다시 말해 링딩동 5 mg과 픽미 999,995(= 1,000,000 - 5) mg으로 구성되어 있지.

이 같은 표기법은 아주 작은 양의 용질이 용매에 용해될 때 소수점 때문에 괜히 헷갈리지 않도록 하기 위해 사용돼. 실제로 5 ppm이라는 것은 0.0005 % w/w을 말하는 것과 같거든.

농도를 나타내는 5가지 방법

몰 농도(M)

용액 1 L 속에 용질 몇 몰이 녹아 있는지를 나타내.

링딩동 5 M(5몰이라고 읽어)의 픽미 용액은 용액 1,000 ml에 링딩동 5몰이 녹아 있어.

바로 이것이 화학에서 가장 자주 사용되는 표기법이야. 우리처럼 식사 자리에서 사람들을 공포에 떨게 만드는 일을 좋아하는 이들에게 유용하지.

이를테면 "지수야, 0.5몰 아세트산 좀 건네줄래?"

마침 식사 자리니까 말인데, 생수병 라벨을 한번 자세히 들여다볼래? 그럼 '성수'(브랜드 이름이야) 생수 한 잔에 들어 있는 무기질의 농도를 알게 될 거야. 그리고 리터당 5 mg, 즉 5 ppm의 나트륨 이온을 포함하고 있음을 발견

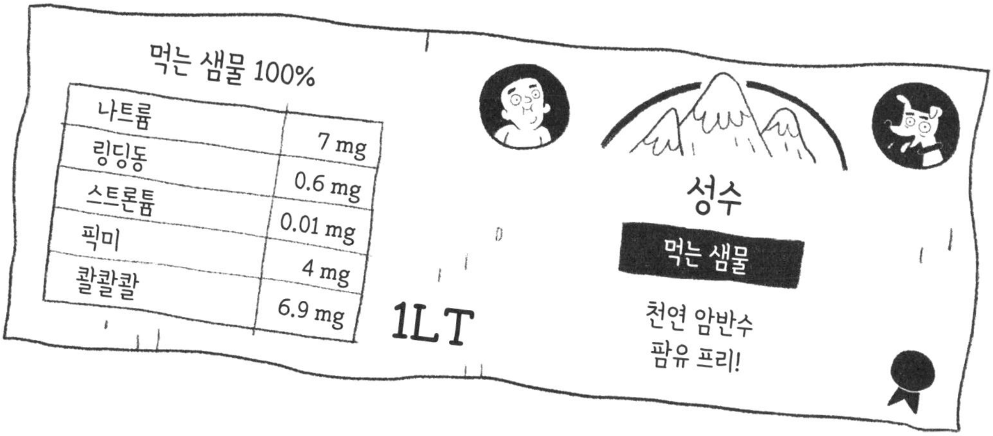

하게 되겠지. 그렇다면 '이다수' 생수에는 얼마나 들어 있을까? 70 ppm이야. 오줌을 참느라 혼났다고? 그럴 수밖에. 물을 2리터나 마셨잖아!

방금 뭐 읽고 있었어? 숨기려 들지 마. 다 봤으니까! 자, 네가 마신 생수에 스트론튬이 얼마나 들어 있었는지 좀 말해 봐.

7.6 포화 용액

이번 실험에는 커피 한 잔이 필요할 거야. 점심 식사 후에 아빠가 마시는 그런 커피. 준비됐어? 좋아, 이제 설탕 한 스푼을 넣고 잘 저어 봐. 그럼 설탕이 녹을 거야. 화학을 잘 아는 사람들의 표현을 빌리자면 완전히 용해되겠지.

한 스푼, 즉 약 5 g의 설탕은 30 ml의 커피에 잘 용해될 수 있어. 그리고 잠시 기다렸다가 설탕 한 스푼을 추가해서 다시 저어 봐. 잘 녹아? 그래, 시간은 더 걸리겠지만 완전히 녹을 거야. 그러므로 10 g의 설탕도 30 ml의 커피에 용해될 수 있어. 커피 한 잔에는 10스푼의 설탕까지 녹을 수 있다는 점을 기억해. 물론 우리가 얼마나 인내심을 갖고 내용물을 섞는지, 커피의 온도 그리고 특히 아빠가 감당하실 수 있는 단맛 정도에 따라 다르겠지. 하지만 이건 조금 후에 다시 살펴보기로 하자.

이제 물 한 컵을 준비해서 점점 더 많은 양의 소금을 넣어 보는 실험을 할 거야. 염화 나트륨, 즉 NaCl 말이야. 커피와는 달리 물은 투명하니까 컵 밑바닥에 무슨 일이 일어나는지 관찰해야 해. 간단히 말하면 100 g의 물에는 최대 36 g의 소금이 녹을 수 있어. 이 최대량에 이르러 소금을 또 추가하면 더 이상 물에 녹지 못하고 컵 밑바닥에 가라앉지.

화학언어로 알려줄게

어떤 용매에 용질이 최대한 녹아 더 이상 녹을 수 없는 상태의 용액을 **포화 용액**이라 한다.

마치 성탄절을 맞아 할머니 댁에서 점심 식사를 하는 상황과 비슷한 일이야. 열 가지가 넘는 반찬부터 시작해서 방어회와 홍합탕, 양념갈비까지 그야말로 눈이 휘둥그레지는 진수성찬이지! 후식 순서가 되면, 물론 이때까지 먹을 배가 남아 있다면 분명 포화 상태, 혹은 배부른 상태가 될 거야.

화학언어로 알려줄게

어떤 용매에서 용질의 **용해도**는 그 용매에 대한 용질의 포화 용액 농도를 말한다.

용해도는 용질과 용매의 종류에 따라 달라져. 즉, 서로 사랑하는지 혹은 증오하는지 그리고 용액의 온도에 따라 달라지지. 쉽게 상상할 수 있는 것처럼 높은 온도는 용질이 용매에 더 빠르게 녹도록 도와줘.

예를 들어 상온에서는 100 g의 물에 최대 10 g의 탄산수소 나트륨($NaHCO_3$)이 녹을 수 있어. 그러므로 탄산수소 나트륨은 소금에 비해 물에 덜 녹는 편이지. 우리가 살펴본 것처럼 같은 양의 물에 NaCl은 36 g까지 용해될 수 있거든.

그런데 온도를 높이면 용액 입자들의 이동 속도와 에너지가 증가해. 따라서 분자들 사이의 결합을 끊을 수 있는 충돌이 더 자주 일어나게 되지. 결과적으로 같은 양의 물에 더 많은 양의 탄산수소 나트륨이 녹는 거야.

60℃의 물 100 g에서는 무려 $NaHCO_3$이 15 g이나 녹을 수 있어. 물론 이를 냉각시킬 경우 더 적게 녹겠지. 예를 들어 0℃에서는 최대 6 g까지 용해될 거야.

이제 다음 성탄절 점심 식사에 주머니에 챙겨 갔다가 소화도 시키고 후식 먹을 배도 확보하도록 도와줄 탄산수소 나트륨 결정을 만드는 아주 쉬운 실험을 가르쳐줄게.

뜨거운 물에 15 g의 탄산수소 나트륨을 잘 저어 녹여줘. 그리고 용액을 몇 시간 동안 냉장고에 넣어두는 거야. 온도를 낮추면 용해도가 낮아지기 때문에 금방 탄산수소 나트륨 결정이 나타나는 것과 용기 밑바닥에 가라앉는 장면을 볼 수 있어. 컵에서 결정을 건져낸 후 며칠 동안 잘 마르도록 두었다가 얻어낸 결과물을 만족스럽게 감상해 봐.

만약 용질이 고체라면 그 모양도 용해도에 중요한 영향을 미쳐. 고체가 미세하게 분할되어 있을 때 용해속도는 증가하지.

이미 파악했겠지만 섞는 행위를 통해서도 용액생성이 빨라져. 이렇게 하면 같은 양의 용질이 모든 부분에 녹아 있는 균일 혼합물을 더 쉽게 만들 수 있어.

못 믿겠다고? 내일 아침 식사로 아이스 카페라테를 만들어 봐. 여기에 각설탕 몇 개를 추가하되 내용물을 섞지 말고.

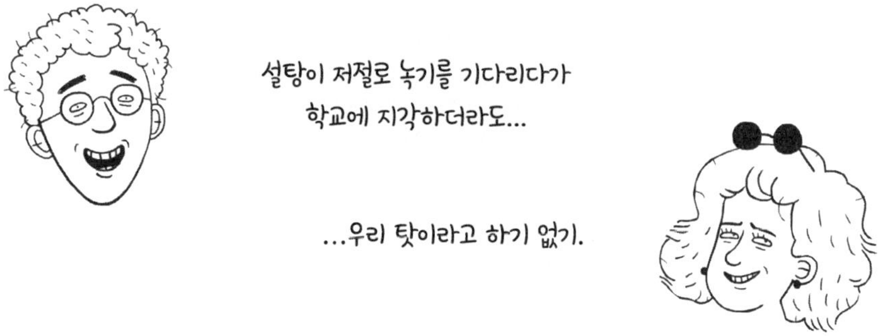

7.7 돌턴의 법칙

수세기 전의 과학자들이 기체를 특히 좋아했다는 점은 앞에서도 이미 살펴봤어. 기체를 발견하게 되면 바로 이를 지배하는 법칙을 찾고 싶어 안달이었지. 액체와 고체는 신경도 안 썼던 과학자들이 기체에는 집착한다 싶을 만큼 강하게 매혹되었어.

이번에는 돌턴의 차례인데, 그는 아보가드로의 법칙에다가 + 기호만 살짝 추가해서 유명한 과학자가 되었지.

하지만 이야기를 처음부터 시작해 볼게. 앞에서 배운 기체에 관한 장 기억나? 그래, 돌턴도 성실하게 숙제를 해서 용기 속에 기체의 몰수가 증가할수록 내부의 압력도 증가한다는 점을 알고 있었어.

$$P = kn$$

돌턴은 아주 멋진 기체 컬렉션을 갖고 있었고 하루는 심심한 나머지 기체들끼리 서로 섞어보기로 했어. 그는 바로 자신이 가진 기체들이 온갖 비율로 섞일 수 있다는 사실과 이들이 균일 혼합물을 만들어낸다는 것을 깨닫고 무척 자랑스러워했지. 이 또한 알고 있던 사실이지만, 이제부터 우리는 이것을 기체 혼합물이라 부르기로 하자.

이것이 바로 돌턴의 놀라운 발견이야.

화학언어로 알려줄게

어떤 용기 안에 2개 이상의 기체가 혼합되어 있으면 각 기체는 자신이 그곳에 단독으로 존재하는 기체처럼 행동한다. 용기의 전체 압력은 각 성분 기체의 부분 압력의 합과 같다.

네가 지금 무슨 생각하고 있는지 알아. 우리 친구 아보가드로는 각 기체의 압력이 용기 안에 넣은 기체 종류가 아니라 기체 입자 수에 따라 달라진다는 점을 이미 알고 있었어.

어쨌든 지금 배우려고 하는 법칙은 세상에 돌턴의 법칙 혹은 돌턴의 부분 압력의 법칙이란 이름으로 알려져 있어.

$$p_{tot} = p_A + p_B + p_C + \cdots$$

그리고 넌 이렇게 기억하고 있을 거야. 여기서 p_{tot}는 혼합 기체의 전체 압력, p_A와 p_B, p_C는 용기 내 각 기체의 부분 압력을 의미해.

예를 들면 공기가 질소 N_2 78.1%, 산소 O_2 20.9%, 아르곤 Ar 0.9%, 그리고 남은 몇 %는 CO_2, 네온, 제논, 크립톤(그래, 슈퍼맨이 태어난 그 별 이름)이라 할 때 우리는 매일 우리 머리 위를 날아다니는 각 기체의 압력을 바로 계산할 수 있어.

예를 들어 대기압에서 대기 중 산소의 부분 압력은 0.209 atm이야. 그리고 이런 것들이 너의 하루 기분을 좌우하는 소식들이겠지.

7.8 기체의 용해도

조금 전에 우리는 기체 혼합물이 별 문제없이 온갖 방법으로 만들어진다는 사실을 살펴봤어. 반대로 기체가 고체 안에 용해될 확률은 매우 희박하지. 기체들은 제멋대로 이리저리 돌아다니는 일을 정말 좋아하거든.

그럼 이제 어떤 액체 속에 기체를 녹여보도록 하자. 대부분의 기체는 액체 안에서 잘 녹지 않는 편이야. 기체 입자들이 녹기 위해서는 액체 용매 입자들 간의 분자 간 결합을 먼저 끊어야 하고, 이어서 액체와 기체 간 새로운 결합을 만들어야 하기 때문이지.

예를 들어 산소와 질소는 물에 잘 녹지 않아. 산소와 질소 분자들이 물 분자들과 만들어내는 결합이 너무나 약하기 때문이야.

어떤 기체를 액체에 녹이는 간편하고 확실한 방법은 액체 위에 그 기체의 압력을 높이는 거야. 바늘이 없는 주사기를 하나 준비한 후 물을 반쯤 채워보자. 그리고 피스톤을 위로 끌어당겨 가능한 공기가 최대한으로 들어가게 만드는 거야. 여기까지 따라왔지? 이제 주사기의 바늘구멍을 막은 후 피스톤을 세게 밀어 봐. 한 마디로 물과 우리 손가락 사이의 공기에 압력을 가하는 거야.

공기가 차지할 수 있는 부피를 줄이면 이를 구성하는 기체들이 서로 충돌하며 주사기 벽이나 물에 부딪힐 수밖에 없어. 처음 두 가지 경우에는 거의 아무 일도 일어나지 않지만 기체 입자들이 물 분자들과 충돌하면 액체 속으로 스며들어 거기서 녹아버리지. 그리고 물속에서 네가 엄지를 피스톤에서 혹은 검지를 주사기 바늘구멍에서 떼기를 기다릴 거야.

그런데 잠깐만, 어디서 가스 냄새가 나는데? 어떤 과학자도 이와 관련한 법칙을 발견하기 위해 발 벗고 나서지 않았다는 게 말이 되니? 물론 그럴 리가 없지. 이것을 처음으로 발견한 사람은 영국인 헨리야. 그는 무려 이백년 전에 헨리의 법칙을 만들어냈지.

화학언어로 알려줄게

일정한 온도에서 액체 속에 녹는 기체의 양은 액체 용액에 대한 기체의 부분 압력과 비례한다.

$$S_{gas} = K_H \cdot p_{gas}$$

여기서 S_{gas}는 용해된 기체의 농도를, p_{gas}는 용액 위에 가해진 기체의 부분 압력을, 그리고 K_H는 헨리 상수를 뜻한다.

마지막으로 하나만 더 알고 있으면 돼.

화학언어로 알려줄게

온도가 상승함에 따라 용액 속 기체의 용해도는 감소한다.

고체일 때에는 정확히 그 반대로 된다는 점은 눈치챘겠지? 탄산수소 나트륨 같은 운 좋은 고체는 온도가 상승함에 따라 액체 속에 더 잘 녹는 반면, 기체의 경우는 그 반대야. 잘 생각해 봐. 용액의 온도를 높이면 용매와 용질의 분자 모두 에너지가 증가하여 더 빠르게 움직이지. 그러므로 서로를 묶어 놓는 결합을 더 쉽게 끊을 수 있는 거야.

하지만 액체와 기체 간 결합이 끊어지자마자 기체 분자들은 그 틈을 타 최대한 멀리 도망가려 해. 그러므로 액체 속에는 더 적게 남아 있지. 쉽게 말

헨리의
법칙

해 용해도가 감소하는 거야.

전투가 끝나면 헨리 법칙의 상수 K_H는 더 이상 상수가 아니야. 기체마다 다르고 온도에 따라서도 달라지지.

액체 속 기체의 용해도에 관한 최고의 궁극적인 개요를 소개할게.

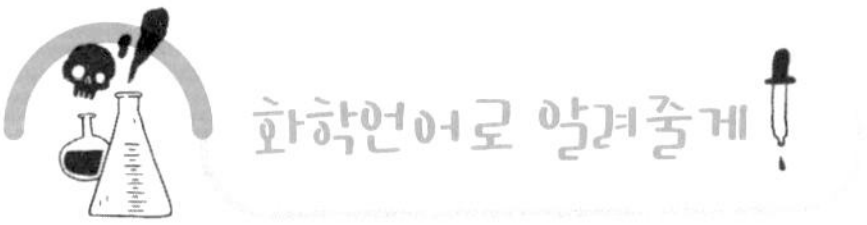

액체 속 기체의 용해도는 기체가 가하는 부분 압력과 기체와 액체 사이에 형성되는 결합 에너지에 따라 증가하며 온도가 상승함에 따라 감소한다.

멧돼지 같이 하품하는 소리가 여기까지 들리네! 이럴 줄 알고 다음 할로윈 축제 때 친구들 앞에서 뽐낼 만한 재밌는 실험 하나를 준비했지.

'마법의 거품'이라는 실험인데, 코카콜라 한 병과 멘토스 사탕 한 봉지가 필요해. 혹시 유튜브에서 이미 봤다면 친구들에게 미리 다 얘기하고 다니지 마!

이제 콜라병을 열고 멘토스 한 알을 넣고서 콜라병을 바닥에 내려놔. 그러면, 거품이 분출될 거야!

이제 입을 닫고 엄마한테 걸리기 전에 우선 바닥부터 닦아. 방금 무슨 일이 일어났는지 파악해 보자고. 코카콜라는 탄산음료야. 0.15 M(와, 우리가 벌써 몰 농도를 사용하고 있어!)의 농도를 갖도록 압력하에 용해된 CO_2를 포함하는 수용액으로, 완전히 밀봉되어 있지. 불쌍한 CO_2가 혼자서는 물에 대한 용해도가 0.03 M밖에 되지 않는다는 점을 감안해 봐. 그리고 냉장고 안에 들어 있는 코카콜라 병 속 압력이 얼마나 되어야겠어? 적어도 3 atm이지. 이 압력은 네가 방금 배운 헨리의 법칙으로 계산할 수 있어.

우리가 코카콜라 병을 열 때 CO_2의 부분 압력은 순간적으로 3 atm에서 1 atm으로 떨어져(사실 조금 더 지나면 공기 중에 이산화 탄소의 부분 압력이 0.03 atm 정도이므로 거의 0 atm으로 떨어지게 돼). 동시에 기체의 용해도도 감소하며, 이산화 탄소는 기포 형태로 용액으로부터 벗어날 수 있어.

탄산음료를 개봉할 때 나는 특유의 소리 알지? 치이이이익. 그래, 우리 친구 헨리에게 고맙다고 인사해!

그의 법칙과 관련 있는 부분은 여기까지야. 마법 거품에 대한 전반적인 설명을 듣고 싶으면 조금 더 가야 해. 물론 이 부분은 고등 화학 교과과정에 포함되진 않을 것 같지만.

그렇다면 멘토스를 넣을 때 병에서 주르륵 분출되는 거품을 어떻게 설명할 수 있지? 마치 CO_2가 끓으면서 코카콜라 전부를 끌어당기며 용액에서 위협적으로 빠져나오는 것 같아 보여!

이와 같은 현상은 '표면장력'으로 설명할 수 있는데, 사실 화학보다는 물리학과 관련된 주제야. 그렇지만 원한다면 설명해 줄게.

물은 높은 표면장력을 지닌 액체야. 이것은 기체가 그 안에서 기포를 만들어내는 데 힘이 많이 들어간다는 뜻이지. 일반적인 상태에서 CO_2는 용액 밖으로 튀어나오기 위해 코카콜라 표면까지 올라갈 수밖에 없어. 그리고 전형적인 치이이이익 소리를 내면서 기체 형태로 밖으로 나오는 거지!

증발에서 일어나는 것과 비슷한데 여기서는 수증기가 아니라 기체 이야기를 하고 있는 거야. 그 차이점은 기억하고 있겠지?

하지만 멘토스와 콜라의 몇 가지 성분, 탄산음료 성분 중 아스파탐과 벤조산 칼륨, 그리고 사탕에 들어간 아라비아 고무는 계면활성제야. 즉 물의 표면 장력을 낮추는 성분으로 그 안에 기포를 만드는 데 필요한 에너지를 감소시킬 수 있지. 즉 이 계면활성제의 조합 덕분에 기포들은 병 내부 어디서든 만들어질 수 있고 압력하에 용해되었던 모든 CO_2가 동시에 용매에서 벗어날 수 있게 되면서 마치 코카콜라가 끓어오르는 듯 환상적인 '화산 폭발효과'를 일으키는 거야.

너희 집 주방도 조금만 들여다보면 계면활성제로 가득 차 있어서 탄산음료에 넣었을 때 똑같은 폭발작용을 일으켜. 다만 사람들은 '계면활성제'라고 하는 대신 단순히 '비누'라고 부를 뿐이지. 못 믿겠다고? 할머니께서 즐겨 드시는 감귤 탄산음료에 주방세제를 한두 방울 넣어 봐. 조금만 흔들어보면… 뻥! 폭발음과 함께… 온 주방이 초토화될 거야!

결론 결국 해내고야 말았어!

믿거나 말거나 정말 책을 끝내고 말았어!

너의 화학공부 여정의 첫 번째 중요한 도착점에 이른 거야. 기분이 어때? 혹시 여기서 모든 이들의 예상과 달리 화학과 관련된 자료를 더 읽고 싶어졌거나 고등학교 과정의 화학 개념 정복하기도 성공할 수 있을지 궁금하다면 우리 두 사람에게 연락 줘.

그리고 이 책이 마음에 들었거나 아니면 적어도 너를 너무 괴롭히지 않았다면, 혹은 너에게 유용했거나 화학의 지루함에 대한 생각을 조금 바꾸어주었다면 여기 저기 소문 좀 내 줘. 만약 인스타그램에 사진과 함께 '이 책 정말 끝내준다' 같은 글을 올려준다면 우리는 더할 나위 없이 기쁠 거야!

어찌됐든 대담하게 그리고 믿음을 가지고 여기까지 우리와 함께 와 줘서 진심으로 고마워.

이제 작별인사를 건넬게. 앞으로 너의 모든 날에 행운이 함께하기를!

라파엘라와 로베르토가

감사의 글

아직 안 가고 있었어? 우리 글을 계속 읽는 일이 지겹지도 않아? 여기에 화학과 관련된 내용은 하나도 없어. 오롯이 우리의 감사의 마음을 담은 페이지이거든.

정말 궁금하다고? 그럼 우선 너에게 그리고 이 책을 읽는 모든 분들에게 감사해. 이메일과 문자로 비평과 격려의 말을 보내주어 고마워. 덕분에 우리가 힘을 얻고 더 발전하는 원동력을 얻었어.

우리 책을 출간할 용기를 내준 출판사에게도 정말 감사해. 먼저 안나키아라 타싼, 엘리자베타 셋다 그리고 파올라 베렛타는 우리의 잠재력을 항상 (놀라울 만큼) 믿어 주었어. 그리고 우리의 환상적인 일러스트레이터 클라우디아 페트라치 그리고 안나 이아카치아는 우리 책의 디자인을 맡아 주었고 페데리카 우르소는 편집 작업을 책임져 주었지. 우리의 '화학 수다'를 이해하기 쉬운

언어로 바꾸어준 프란체스카 보세티에게 특별히 박수를 보내고 싶어. 이 일곱 명의 멋진 숙녀 덕분에 이 책이 책다운 책이 될 수 있었어.

또한 우리의 두 아들 레오나르도와 카밀로에게 감사의 마음을 전하고 싶어. 우리의 글을 읽으면서 웃음이 터지는 모습을 목격하지 못했다면 화학책을 집필할 모험은 생각조차 못했을 거야.

이들의 모험담을 들려주도록 허락해 준 118개 화학 원소를 모두 나열하는 것도 재미있겠지. 하지만 대표로 스트론튬에게 인사하고 우리를 대신해서 동료들에게 마음을 전해달라고 부탁하려고 해.

가장 특별한 순간에 우리를 도와준 친구들의 이름을 소개하면서 감사 인사를 마치려 해. 좋을 때나 힘들 때나, 피자 한 판을 앞에 두고 옆에 있어 준 레나토, 엔조 그리고 로베르토. 우리의 핏줄 난도 삼촌과 베네데타 고모. 우리 인생에서 항상 특별한 자리를 차지하는 피노, 에바리스타 그리고 에르네스타에게 감사해.

끝으로 성인군자 스테파노 체르비니에게 고맙다는 인사를 전하고 싶어. 세상 사람들은 알면 안 되는(지금으로서는…) 이유를 그는 알고 있을 거야.